世界白蘭地
World's Brandies:
The Essential Handbook of Brandy
In Its Broadest Sense

歷史文化 · 原料製程 · 品飲評論

王 鵬 Paul Peng WANG

目錄

縱貫歷史數千載，橫亙文化六大洲

　　誠然，蒸餾製得上好的白蘭地——生命之水，是一門技術與藝術。許多人的觀念裡，只要標籤上有 Cognac 這個字，就稱得上逸品、美酒，但是白蘭地的內涵，遠非如此而已。

　　王鵬《世界白蘭地》這本著作，開門見山就說了，我們平常所稱呼與認識的白蘭地，事實上是狹義的白蘭地。除了葡萄酒蒸餾而得的烈酒之外，其他水果包括梅子、櫻桃、梨子、覆盆子等，經過發酵與蒸餾，得到的烈酒也都屬於白蘭地。而且各有專屬名稱，如 Mirabelle（黃李）、Quetsch（藍李）、Slivovitz（蜜李）等，雖然名字不同，但都是李子白蘭地。櫻桃稱為 Kirsch，而梨子被叫作 Poire。要辨別區分這些水果白蘭地，最好從原料和製程方法切入。本書詳細論述，讀者們能夠很快掌握白蘭地的真髓。

　　這本書也有條不紊地，講述白蘭地悠久的歷史、多樣化的製酒方式，以及世界各地不同的白蘭地文化。在本書第一章，我看到王鵬不厭其煩地說明「何為真正的白蘭地？哪些不屬於白蘭地？」從躍然紙上的文字裡，我讀到他內心殷切的願望，期盼讀者可以藉此進入白蘭地繽紛多彩的世界，而不至於迷失方向。

　　這是一本涵蓋歷史地理、風土人文、生產製程以及品飲實務的全方位好書，內容豐富，值得收藏，再次恭喜王鵬。

　　縱貫歷史數千載，橫亙文化六大洲，縱橫酒海唯王君。

葡萄酒作家／飲料學者

鍾正道 Thomas CHUNG

2018 年 12 月 24 日

藏在角落的精彩，即將回歸的滋味

葡萄酒開啟我的酒類生涯，我因此跟法國結下不解之緣。由於法語的關係，我也進入了比利時啤酒的世界。隨著我的啤酒職涯發展，威士忌，也就是蒸餾過的啤酒，也順理成章地被我收進來了。我的領域就這樣不斷溢出。有一天我心想，有了啤酒、蒸餾過的啤酒，也有了葡萄酒，接下來呢？當然是蒸餾過的葡萄酒——白蘭地。

我人生第一口白蘭地，是我剛成年時，爸爸給我的一瓶干邑。沒想到，在我職涯的道路上，經歷了葡萄酒、啤酒、威士忌，我最後回到原點，再訪白蘭地，回頭拾起這塊失落的拼圖。白蘭地不是我鑽研的第一種酒類，當我開始耕耘不久後，在 2015 年就獲選成為法國干邑白蘭地公會國際認證講師。其後，我的烈酒生涯有了爆炸性的進展。

我在同年受邀成為布魯塞爾世界酒類競賽的烈酒評審，獲得主辦單位的信任與倚重，不但經常被託付擔任評審團主席的職務，也創辦並主編《烈酒風味評判準則》，作為評審團評選參賽酒款的標準，第一版內容由我主筆，現已發行到第三版。我的個人著作，也從葡萄酒與啤酒，拓展到了烈酒領域。在出版《蘇格蘭威士忌：品飲與風味指南》之後，緊接著這本《世界白蘭地：歷史文化・原料製程・品飲評論》，是我的第二部烈酒專書。至此，我在自己著作的光譜上，補上了這塊色彩繽紛的拼圖——白蘭地。

我曾經任職酒商擔任講師，後來更兼任多個酒商的合作講師。除了面向市場端，在業界裡我也待過生產端，在酒廠擔任品飲顧問。雖然身處不同位置，有時聚焦技術指導，有時則要娛樂聽眾，但我向來都聚焦酒類文化教育。但是酒類領域很寬廣，不自覺便又不斷溢出，不斷擴張。我的世界宛若雪球，愈滾愈大；世界對我來說，卻愈來愈小。在我離開酒廠之後，由於成為酒類評審，一年將近十場國際啤酒、葡萄酒與烈酒賽事，帶我走遍世界。甚至曾經兩個月出國 3 趟，

走訪 6 個國家，全都為了酒。

我的酒類評審生涯，是從啤酒開始的，啤酒也更進一步打開我的眼界。由於啤酒必須趁鮮品嘗，所以我拜訪了許多沒去過的國家，甚至去了一些就連願意為葡萄酒走天涯的人一輩子也可能不會想到要去的國家。幾年下來，啤酒與葡萄酒固然帶我去了很多地方，沒想到，帶我走得更遠的，卻是白蘭地。白蘭地替我在世界地圖上，增加了許多標註，其中甚至有不少是我根本沒想過要去的地方。

白蘭地曾經有過一段黃金時期，但是在世界各地，卻因為不同原因而經歷市場衰退，但是白蘭地終究沒有消失。白蘭地本質具有鮮明的地域性，有些白蘭地類型，帶有強烈的地方色彩，甚至因此難以走出自己的產區，以至於被隱沒。把世界白蘭地都找出來擺在一起，你會意識到，能夠懂得白蘭地體系，也必然能夠掌握世界烈酒。

在探索過程中，你會很快發現，白蘭地的名稱與類型系統繁複，更別說產地名稱，很多時候印在酒標上的字，一個都不認識，更別說能夠唸出來。白蘭地就像法國葡萄酒，雖然盲目喝喝也能是種樂趣，不過一旦要試圖理解，其複雜體系讓人心生畏懼。如果屈就於幾個大品牌，你將錯過許多藏在角落的精彩。

我要帶你認識知識體系不亞於威士忌的白蘭地。一般人以為很高的門檻，我將帶你輕鬆跨過。或許你最後也會發現，其實不需要害怕白蘭地，它的複雜帶來許多知識的滿足與追尋的樂趣。就讓我作你的嚮導吧！我曾替自己補上白蘭地這塊拼圖，找回 19 歲失落的風味記憶，我相信，我也能幫你，回到或去到，你想得到、想不到，或根本沒想到的地方。

酒類專家

王　鵬 Paul Peng WANG

代導論

INTRODUCTION

白蘭地的歷史，
歷史上的白蘭地

History of Brandy.
Brandies in the
History.

白蘭地工藝，像真正的煉金術。

大自然裡的水、火、風、土，

最後都煉成了液體黃金。

一部長達 7000 年的烈酒史前史

蒸餾的原理很簡單，但是發酵酒要變成蒸餾酒，卻是個漫長的歷史進程。人們開始為了得到可以喝的烈酒而蒸餾，才能算是烈酒的歷史源頭，我們姑且把這個時間點，稱為「烈酒元年」。而在此之前的漫長歲月，則是烈酒的「史前時代」。

古埃及智慧遺產．中世紀技術演進

從埃及與古希臘羅馬開始算，蒸餾的歷史已有 7000 年了。4000 年前，古埃及人也懂得將樹脂與水投入陶甕加熱，覆以羊毛，最後擠壓毛料，得到植物精油。西元 4 世紀，亞歷山卓城已經發展出香水產業，但是當時的蒸餾設備並未用來處理經過發酵的液體，距離烈酒誕生，還有一段漫長的路。人類觀察自然現象，開始懂得萃取，雖然香水並非飲料，但卻是後世發展出蒸餾烈酒不可或缺的要件。

直到中世紀，中國人發明了酒類蒸餾，經過阿拉伯人與安達魯西亞人的改良與傳播進入歐洲。14 世紀初，著名醫藥學者阿諾．維蘭諾瓦（Arnau de Vilanova），藉由蒸餾葡萄酒得到烈酒，並援引埃及人的「長生不老之水」，將之取名「生命之水」（aqua vitae），一般認為，這是蒸餾烈酒的時代開端。但是嚴格說起來，維蘭諾瓦只說「碰到眼睛會有灼熱感」，沒有述及味道，或許這並不是用來喝的，也因此不算是歐洲烈酒的開端。在歐洲烈酒史上，維蘭諾瓦不是透過鑽研阿拉伯、希臘與希伯來古籍記載，設計蒸餾的第一人，他只能算是蒸餾術的散播者。不過，西班牙加泰隆尼亞一帶的白蘭地酒廠，倒是樂於把這位同鄉人視為蒸餾烈酒之父。

希臘與埃及的原始蒸餾系統，以木屑為燃料，文火加熱，整個蒸餾週期動輒 2 到 3 週。到了中世紀，蒸餾器頂部開始加裝冷水桶，促進蒸氣凝結，提高蒸餾效率，然而部分冷凝液卻因此回流到蒸餾器裡，人們意外發現，回流是風味淨化的關鍵。出於直覺與想像，人們也曾經試圖在蒸餾器不同高度收集蒸氣，期能取得不同的冷凝液。

隨著科技進步，這類早期的構想在現代葡萄酒餾、葡萄渣餾、非葡萄果酒蒸餾與非葡萄果餾烈酒生產設備中，都可以看到。

中世紀為了增進蒸餾效率，蒸餾器頂部與冷凝液收集瓶之間的連接管，以迴圈狀浸泡在裝有冷水的木盆裡，藉此促進冷凝卻不至於回流。16 世紀拉丁文典籍中，這項設計被稱為「蜷曲的蛇」（anguineos flexus），這是現代冷凝設備的前驅，義大利語稱之 serpentina，法語稱之 serpentin，也都是「蛇管」的意思。蒸餾設備至此趨於完備，然而由於技術與知識傳播速度緩慢，到了 18 世紀，這項設計偶爾還被視為一項創新。

烈酒元年之後・現代蒸餾之前

以香草植物調味格拉帕（Grappa），是早期藥草烈酒的遺跡。這瓶調味格拉帕，不只紀錄 20 世紀中葉的時代遺跡，更是蒸餾烈酒更早期樣貌的縮影。

「生命之水」問世後，出現許多名稱變體，而且通常富有詩意，譬如「灼烈之水」。現代法語的「eau-de-vie」、西語的「aguardiente」與北歐的「akvavit」、「akevitt」，都是承襲古語的遺跡。十四世紀哲人拉蒙・尤伊（Ramon Llull），在一部集煉金術大成的著作裡，把葡萄酒蒸餾所得的烈酒，籠統稱為「葡萄酒精華」。

中世紀晚期，用來浸泡藥草或蒸餾所得的可飲烈酒，也都稱作生命之水，但這個詞廣泛用來指稱使用烈酒作為溶劑的溶液，與可飲烈酒相距甚遠。至於「灼烈之水」，其實是描述「可燃」，而不是形容燒灼嗆熱的口感。煉金術把可燃的松節油稱為「灼烈之水」，對應的是「可燃液體」，而不是「烈酒」——縱使伊比利半島諸國的白蘭地，詞根都來自「灼烈之水」這個古語。

18 世紀前，烈酒與酒精常被統稱為「生命之水」，更常見的是「葡萄酒的精氣」（esprit-de-vin）、「灼烈的精氣」（esprit ardent）；其中「esprit」意為精氣、靈魂，這也是當今烈酒被稱為「spirit」的原因。

總的來說，可飲烈酒的歷史，最早可以推至 13 世

紀，但是當時「可燃液體」以、「生命之水」、「灼烈之水」的名號與之並存。還要再等至少 200 年，烈酒飲用文化才開始普及，「生命之水」也才真正成為可飲烈酒的專稱，雖然，15 世紀的生命之水，不見得是白蘭地，有些地方用來指稱浸泡藥草植物的穀物烈酒，也就是現代威士忌的前身。

白蘭地曙光出現之前

每個白蘭地產區談論自己的發跡史，多半樂於盡量往前推到開始種植葡萄或文獻記載果樹遍佈的最早年代。然而，有了水果，還必須要用來發酵製酒，繼而蒸餾與飲用，才能算是白蘭地的開端。現在讓我們來盤點一下，當今全球重要的白蘭地產區，到底何時開始出現水果。

一天一蘋果，國土靠近我

全球蘋果蒸餾烈酒舞臺上，法國諾曼第的卡爾瓦多斯（Calvados）獨佔鰲頭。諾曼第蘋果酒的歷史，既是關於蘋果的歷史，也與諸位國王有關。

上一次冰河時期之後，蘋果就自然遍佈歐洲，歐洲史前遺跡壁畫也出現蘋果。羅馬人在西元前 1 世紀來到諾曼第時，映入眼簾的也是野生蘋果樹四處散布的景象。然而，蘋果的另一個重要原生地在中亞，據傳亞歷山大大帝在西元前 3 世紀把蘋果帶回希臘，而後傳播至土耳其，然後取道高盧與西班牙北部，才向北傳播至北歐。

蘋果加上人類巧手，蘋果發酵酒於焉誕生。希伯來人的 Shekar 與希臘人的 Sikera，都是蘋果與蜂蜜混釀的酒類飲料。西元 4 世紀，西班牙北部也出現蘋果與蜂蜜混釀酒，稱為 Phitarra。高盧人與羅馬人，以純粹蘋果與梨子發酵製酒，蘋果發酵酒的型態已經成形，西元 6 世紀出現有計劃種植與管理的蘋果園，修道院的僧侶掌握了蘋果酒釀造技術。

　　西元 8 世紀，阿拉伯人被史稱鐵鎚查理的法蘭克人率軍趕出法國，他的孫子就是後來的查理曼大帝，統治包括諾曼第在內的西歐一帶。當時歐洲天候比當今溫暖，甚至葡萄與其他地中海作物，都可以在諾曼第種植。查理曼大帝下令保護果園，毀壞果樹會遭嚴懲。他的府邸有一批釀酒師（sicetores），專職準備「比水好喝的東西」，其中也包括蘋果酒（pomacium）。不論查理曼大帝愛不愛喝蘋果酒，當時的酒還不是最好喝的，因為最適合製酒的蘋果品種，還沒被帶到諾曼第。

　　第 11 與 12 世紀間，諾曼第與英國開戰，戰爭促進多方面深入交流，英國蘋果品種進入諾曼第，蘋果發酵酒成為貴族階級飲品。在 13 世紀，蘋果壓汁技術精進後，蘋果製酒更為便利，很快普及成為平民飲料。

　　西元 14 世紀中期，小冰河時期到來，諾曼第的人們，必須為更寒冷的冬天打算，而蘋果是過冬良伴。蘋果樹不但可以適應寒冷天候，而且本來就需要冬眠，再加上不同品種成熟時間不同，從夏末到初春，跨越整個冬天，都不愁沒有蘋果可吃。果園規模不斷擴大，品種也增加至 300 種。品種狂熱未曾降溫，從 15 世紀開始，有更多蘋果品種，從西班牙北部的巴斯克一帶，源源不絕被帶進諾曼第。

　　16 世紀中葉，西班牙北部阿斯圖里亞斯（Asturias）與法國諾曼第產生頻繁貿易交流，農民透過嫁接，得到不同蘋果品種，阿斯圖里亞斯如今也以蘋果酒聞名。當時人們已經發現，只有約莫 80 個品種最有製酒潛力，而且逐漸找出最適合蘋果種植的地區與土質。16 世紀末，諾曼第蘋果發酵酒生產技術臻至高峰，當時的御醫極力宣揚蘋果對健康的好處，甚至可以治療國王的失眠，再加上蘋果酒愈來愈好喝，已經普及民間。國王查理九世對當時蘋果酒的品質非常滿意，如果有時光機，想必酷愛蘋果酒的查理曼大帝，也會穿越時光 800 年來喝一杯。

　　至此，蘋果發酵酒的周邊相關生產知識，已經涵蓋蘋果品種、種植農法、園區土質與釀造技術，就等著蒸餾技術進入諾曼第，與蘋果發酵製酒的技術結合，就將催生世界知名的蘋果酒蒸餾烈酒——卡爾

瓦多斯。

高加索的葡萄·地中海的傳播

葡萄酒歷史源遠流長，所有類型白蘭地，就屬葡萄酒餾白蘭地的尋根之旅，可以追得最遠。

當今世界主流葡萄酒餾白蘭地，產自歐洲大陸，但追究起來，歐洲大陸不是葡萄酒的源頭。葡萄製酒技術源自高加索，然後才逐漸外傳。現今發現最古老的葡萄酒遺跡，是在伊朗出土的陶罐碎片上發現的乾涸葡萄酒，距今 7400 年；到了距今 6000 年至 4000 年前，葡萄酒傳播至美索不達米亞與古埃及。有人認為葡萄種籽是隨著鳥類遷徙而傳播至地中海沿岸，也有人認為是距今 3400 年前的航海貿易民族腓尼基人，在經商過程中，把葡萄傳播開來。

義大利半島的葡萄種植與製酒傳統，相對較晚開始，因為義大利在古代地中海世界裡屬於邊陲地帶。葡萄酒從地中海東岸的希臘、愛琴海開始傳播，約莫 2700 年前抵達地中海西岸與北非，最後才傳入古羅馬。接著，羅馬人把葡萄樹往北邊傳播，到了西元 1 世紀末，當今法國干邑（Cognac）白蘭地產區才開始種植葡萄。

與干邑葡萄酒相伴而生的，是高盧人發明的橡木桶，這個便於滾動搬運的容器，後來甚至變成了生產棕色烈酒的必備要件。

總的來說，若以義大利、西班牙和法國為代表，當今世界主流白蘭地產區的葡萄種植歷史，距今約 2500 年至 1900 年前。而如果要把高加索視為葡萄的源頭，如今高加索一帶的亞美尼亞、喬治亞等國，不但生產葡萄酒，也有葡萄酒餾白蘭地，是最有葡萄製酒歷史深度的國家。

干邑乘地利之便興起，河運帶來貿易繁榮

白蘭地產區發展歷程有個規律，要先是葡萄種植區、葡萄酒產區或水果種植區，才能在某個機緣下，開始生產白蘭地。法國干邑與南

鄰的波爾多（Bordeaux）一樣，仰賴河運之便而興起。但是由於機緣不同，兩個產區走上不同的道路，一個生產白蘭地，一個專釀葡萄酒。

干邑所處的夏朗德地區（Les Charentes），除了葡萄酒，11 世紀以來，沿海一帶也以產鹽聞名，當時荷蘭商人掌握海上貿易，在這裡從事酒、鹽買賣，沿著夏朗德河（La Charente）乘船而上，帶動了經濟發展，葡萄園面積逐漸擴張，內陸城鎮也跟著發達起來。由於河運之便，干邑鎮成為發展據點。14 世紀初到 15 世紀中葉，英法百年戰爭期間，干邑由於較早被法軍收復，比起最後投降的波爾多，多了幾十年的時間開發國內市場。而且出身干邑鎮的法王法蘭索瓦一世，提供自己的故鄉優惠特權，干邑鎮迅速發展。雖然 16 世紀下半葉的反稅暴動讓這裡成為宗教戰爭的戰場，干邑葡萄酒業的根基卻未受動搖。等到蒸餾器出現，干邑開始朝向世界白蘭地舞臺中心前進。

當今的法國南部，受羅馬影響更深，使用陶罐貯酒，而不是使用高盧人發明的橡木桶。橡木桶是棕色烈酒誕生的重要元素，不是廣義白蘭地的必要條件，然而法國南部葡萄酒產區，後來終究沒有發展出跟法國西南部干邑或雅馬邑產區一樣，深入民間生活肌理的白蘭地文化傳統。

早期烈酒蒸餾器的雛形。

有了葡萄，只欠東風

當今美洲最重要的白蘭地生產國，包括美國、墨西哥、祕魯與智利。這些國家都有原生葡萄品種與自己的酒類文化，但葡萄酒蒸餾技術與白蘭地文化仍根源於歐洲。

　　15 世紀末，哥倫布數度遠航到美洲，艦隊曾經攜帶葡萄與橄欖到當地種植，並在埃爾南・柯特茲（Hernán Cortés）祭出的墾荒策略下，葡萄種植面積飆升，並隨著頻繁交流繼續傳播。至此，新大陸也有了葡萄與葡萄酒，現在就等著從歐洲帶來蒸餾器，新世界的白蘭地就要誕生了。

　　自從世界各地、新舊大陸都有了葡萄酒之後，生產白蘭地所需的條件，一直還欠個東風——蒸餾技術。這個東風可真難等，漫長的千年歲月過去了。直到某個契機出現，葡萄酒被拿來蒸餾，而且還被拿來喝，白蘭地就正式誕生了。

　　蒸餾術在中世紀早期，經過伊比利半島傳入法國南部，雅馬邑的生命之水就已誕生，當時被當成藥用飲品。干邑與雅馬邑經常被相提並論，雖然干邑名氣更大，但雅馬邑歷史更悠久。如果要頒發棕色白蘭地始祖的稱號，雅馬邑很有資格當選。根據歷史文獻記載，雅馬邑白蘭地可以追溯到 1310 年，不但發跡得早，而且還經過桶陳培養，已經具備現代白蘭地雛形，標誌了白蘭地的開端。

　　西元 16 世紀後，蒸餾器被廣泛用於生產白蘭地，逐漸演變出不同形制，並繼續傳播至其他包括西班牙、義大利、德國、南美洲在內的白蘭地產區。至此，白蘭地不但誕生了，而且普及了，甚至演變出不同原料製程交織出的複雜型態體系。

16 與 17 世紀：蒸餾技術成熟與發展演變

諾曼第與蘋果，有你才有我

　　諾曼第出土的歷史文物中，有一組蒸餾器可以追溯到第 13 世紀，但是很難認定蘋果蒸餾烈酒在當時已經問世。蘋果烈酒成為日常飲品，應該是第 15 世紀之後的事。現存最早關於諾曼第蘋果蒸餾烈酒的文字紀錄，可以上溯至 1554 年，其發跡想必更早，只不過沒有文字紀錄。由於「卡爾瓦多斯」這個地名尚未出現，蘋果烈酒在當時被稱為「用蘋果酒做成可以喝的生命之水」。

　　法國西部大西洋沿岸一帶有許多酒類產區，北有諾曼第蘋果種植區，往南依序會經過羅亞爾河、夏朗德與干邑、波爾多、雅馬邑等葡萄種植區，再往南還有西班牙西南部安達魯西亞一帶的赫雷茲（Jerez）。荷蘭人在 16 世紀已經成為大西洋沿岸主要經商民族，南方的葡萄酒北運，帶到英國、荷蘭與北歐國家，間接促成干邑發展，但是諾曼第命運卻大不相同。

　　17 世紀下半葉，在太陽王路易十四統治下，法國擴大殖民，貿易成長、文藝發展，達成許多歷史成就，亮麗帷幕後面卻有一群辛苦的人民，連年戰爭、稅金沉重，生活貧困，疾病折磨，就連老天也踹了一腳，小冰河時期再次降臨。諾曼第天候再度變得寒冷，有些葡萄樹被凍死，於是改種較為耐寒的蘋果樹；穀物欠收，所有穀物全部拿來食用，不再釀造啤酒，就連貴族也被迫喝起平民的蘋果酒。諾曼第與蘋果的關係，更加難分難捨。

為了保存葡萄酒，不惜火燒葡萄酒

　　16 世紀的干邑葡萄酒，與現在不一樣，是用可倫巴（Colombard）葡萄品種釀造，酒精濃度低，新鮮芬芳，微甜，帶有氣泡，屬於不適合長途運輸的酒。為了避免變質，也有人認為是為了節省船艙空間或避稅，不論如何，荷蘭人加熱濃縮葡萄酒，因為用火燒（branden）來處理葡萄酒（wijn），所以荷蘭文寫成 brandewijn，法文則作 vin brûlé，意思都是「火燒葡萄酒」，當今的白蘭地（brandy）一詞，就源於此。

　　蒸餾濃縮時，風味物質並沒有全部進入蒸餾液，所以攙水稀釋之後，也不可能得到跟原本一樣的葡萄酒。荷蘭人並不笨，他們應該也早就發現，濃縮之後無法加水還原。事實上，火燒干邑葡萄酒，是為了經商考量。荷蘭人在夏朗德買鹽與干邑葡萄酒，在北邊買羅亞爾河葡萄酒，在南邊買波爾多葡萄酒。蒸餾，可以讓葡萄酒在下一個年份出來之前，保存一個寒暑而不至於壞，但是，所有的葡萄酒都要蒸餾嗎？善於經商的荷蘭人發現，羅亞爾河與波爾多葡萄酒，直接銷售最

能獲利；干邑葡萄酒經過蒸餾的商業價值更高，也因此催生了全新的型態——火燒干邑葡萄酒。

在 16、17 世紀，歐洲西海岸的干邑與雅馬邑，以及伊比利半島西南部的赫雷茲白蘭地（Brandy de Jerez），都已經穩定銷往北歐。義大利半島城邦間，也開始出現烈酒貿易。到了 17 世紀，所有的干邑白葡萄酒，都以蒸餾烈酒的形式外銷。

荷蘭人也將蒸餾技術用在赫雷茲葡萄酒產區，如今，當地使用壺式蒸餾器單道蒸餾得到的烈酒，依然被稱為 holandas，暗藏「荷蘭」的字根，就是來自這段歷史的語言遺跡。當時的荷蘭人開啟了白蘭地產業的先聲，然而，400 年前的干邑與赫雷茲白蘭地，跟今天不一樣。17 世紀初的干邑雖然已具雛形，但還差了一個重要的製程關鍵，那就是兩道蒸餾。

由於河運之便，干邑鎮成為貿易據點，葡萄種植面積擴張，內陸城鎮也發展起來。圖為干邑鎮上的軒尼詩堤岸。

魔鬼試煉的惡夢・兩道蒸餾的發跡

17世紀上半業，干邑才出現兩道蒸餾。人們發現經過復蒸的酒，品質更加穩定，於是成為製程常態。

相傳兩道蒸餾是由當時塞貢札克（Segonzac）鎮上，一位信仰虔誠的貴族所發明。故事是這樣的：有一天他夢見撒旦看不慣像他那麼虔誠的教徒，於是要試煉他的靈魂，把他丟進蒸餾鍋，沒想到，因為虔誠的靈魂沒有因此被蒸出來。於是，撒旦打算把他丟進蒸餾鍋，再蒸一次。這位貴族被嚇醒後，得到了 發，兩道蒸餾就這樣被發明出來了。

雖然火燒干邑葡萄酒是荷蘭人的創舉，但是當今干邑白蘭地的兩道蒸餾製程，還是法國人的發明。幸虧魔鬼當初選擇進入法國人的夢中，如今，法國人才能把發明兩道蒸餾的功績算在自己頭上。

干邑白蘭地產業自此真正成形，並於17世紀中葉，出現第一批干邑白蘭地烈酒商，晚近復興的品牌 Augier Frère，雖然曾經中斷經營，但在歷史上是第一家干邑廠商。

耽誤時程的意外・桶陳培養的契機

在還沒有裝瓶出貨的那個年代，烈酒通常都是成批散裝出貨，裝在木桶裡便於滾動搬運。如今，干邑鎮上的碼頭周邊設施，都還看得出早期船運上下貨的遺跡。相傳，干邑人們意外發現，不小心耽擱貨運時程的酒桶，酒的品質不減反增，而且也注意到，若木桶使用來自

干邑東邊利慕贊（Limousin）的橡木製成，品質會特別好。

赫雷茲白蘭地也有類似的故事，整個 18 世紀，赫雷茲烈酒都以未經桶陳培養的形式出貨銷售。當時法規要求烈酒生產商，必須在新年份之前，把手邊庫存烈酒清空，如此才有辦法在每個年份收成之後，立即支付果農貨款。據傳 19 世紀初有一批用雪莉酒桶盛裝準備出貨的烈酒被遺忘在倉庫裡，後來意外發現這批烈酒風味特好，從此，赫雷茲白蘭地進入桶陳培養時代，搖身一變，成了棕色烈酒。隨著連續蒸餾設備問世，赫雷茲白蘭地又更接近當今的產業樣貌與風味個性。

幾乎每個棕色烈酒產區，都有類似的故事。講述人們如何發現烈酒在木桶裡待上一陣子，品質會變得更好。不論故事怎麼說，聽起來總像是意外發現。如今，烈酒生產商深諳桶陳培養工序對烈酒品質的影響，不乏大膽的創新與試驗，不免有些意外發現，就這樣，文明不斷在意外裡邁進。

祕魯皮斯科：傻人有傻福

西班牙人在 1532 年來到印加帝國，發動掠奪戰爭，首戰就屠殺了 7 千人。由於擁有當地前所未見的威嚇武器，包括大砲與騎兵，西班牙僅以不到 200 人，就把當地 8 萬原住民組成的部隊嚇得潰不成軍，還俘虜了印加帝國視為太陽之子的國王。西班牙人要求以一整個房間堆滿黃金作為交換條件，印加人恭順地備妥贖金，西班牙人最後還是殺了他們的國王。西班牙人與殖民地之間的關係，似乎就此定了調，在此後百年間，總是一個蠻橫跋扈，一個溫和順從。

16 世紀中葉，西班牙人把葡萄帶到南美洲的祕魯，在西南海岸一帶種植葡萄，量產葡萄酒銷回西班牙。歐洲蒸餾技術也在 16 世紀末傳到了美洲，當今美洲白蘭地重要產國墨西哥，最早蒸餾紀錄也可以追溯到這個時候。南美洲的西班牙人，沒有家鄉的葡萄渣餾白蘭地可喝，為了一解鄉愁也好，為了一解酒癮也罷，就這樣催生了祕魯白蘭地——皮斯科（Pisco）。到了 17 世紀初，祕魯已經出現關

於皮斯科的文獻記載。

　　然而，祕魯葡萄酒對殖民母國葡萄酒產業造成衝擊，因此在 17 世紀中葉，祕魯被禁止把葡萄酒銷回西班牙。於是，把葡萄酒變成皮斯科，成了祕魯葡萄酒的變通之道。擴大蒸餾的結果，反而替祕魯皮斯科的未來發展鋪路。西班牙人把葡萄與蒸餾術帶進祕魯，西班牙人終究離開了，而祕魯皮斯科卻留了下來，如今成為當今南美洲最有代表性的白蘭地。

歐洲人是白蘭地的傳教士

　　早在 15、16 世紀，西班牙人把葡萄與蒸餾術帶到美洲，百年之後，祕魯皮斯科開啟了美洲白蘭地文化。荷蘭人在 17 世紀中葉，為了生產白蘭地，開始在南非殖民地種起葡萄，很快地，南非也開始生產風格類型接近干邑的白蘭地。

　　17 世紀中葉，北美洲也開始嘗試種植葡萄，但由於從歐洲品種在此遭遇葡萄根瘤蚜蟲，人們一方面試圖尋找解決方法，一方面使用美洲原生葡萄製酒，同時轉而生產蘋果發酵酒與蘋果白蘭地。也因此，美國蘋果白蘭地的發展歷史，甚至比葡萄酒餾白蘭地更早開始。18 世紀下半葉，傳教士從墨西哥帶進外來葡萄品種，在加州開闢葡萄園。

　　歐洲人不僅催生了新大陸的白蘭地，歐洲人也將白蘭地版圖拓展到全世界，包括非洲、亞洲與澳洲。幾乎可以說，歐洲人是白蘭地的傳教士。

18 世紀：水果爭霸戰，第一回合交手

葡萄酒餾白蘭地擅場，干邑與雅馬邑扶搖直上

　　18 世紀初，西班牙王位繼承紛爭造成西、英、法、荷等國短暫的貿易中斷，干邑白蘭地也遭受波及。但是 1930 年代開始，干

邑白蘭地卻成了囤積居奇的投資標的。此時的干邑已經逐漸定型為棕色烈酒。啟蒙時代哲人狄德羅（Denis Diderot）在《百科全書》（Encyclopédie）裡，也提及了「干邑以白蘭地聞名」。世界烈酒迅速發展，原本泛稱生命之水的各式烈酒，逐漸分化，並各有自己的名稱，葡萄牙白蘭地阿夸登特（Aguardente），最早也可以追溯到這個時期。

許多干邑經典品牌誕生於 18 世紀，包括 Martell（1715）、Rémy Martin（1724）、Delamain（1759）、Hennessy（1765）、Hine（1791）與 Otard（1795）。來自英格蘭、蘇格蘭、愛爾蘭的家族投資，讓干邑增添了幾分國際色彩。雅馬邑也在 18 世紀下半葉起飛，美國脫離英國獨立之後，英國人所偏愛的干邑與威士忌，在美國遭到某種情感上的抵制，雅馬邑雀屏中選，成為美國從歐洲進口烈酒的大宗。

18 世紀末法國大革命之後，歐陸發生反法同盟戰爭，由於酒水是重要軍需補給，干邑與雅馬邑白蘭地在軍隊裡流行起來。一直到 19 世紀初的拿破崙戰爭時期，雅馬邑產量大幅成長，並成為產區所在加斯科尼的重要經濟支柱。

生日快樂！一個新的白蘭地國家誕生了

18 世紀末，大西洋彼岸出現一個年輕而活力旺盛的新國家──美國。在此之前的殖民時期，白蘭地版圖就已經拓展到北美洲。就如同西班牙人在 16 世紀，帶著文化的基因來到南美洲，18 世紀來到北美洲的歐洲各國殖民者與移民者，也帶來自己固有的品味與生活習慣，白蘭地也是其中一項元素。

人們在美國延續了葡萄種植與製酒文化，然而卻發現歐洲葡萄在北美洲一直無法順利栽種，只能使用風味不符喜好的美洲原生葡萄品種製酒。於是，蘋果製酒成了替代方案。早期殖民者在紐澤西、維吉尼亞一帶，使用簡陋的蒸餾設備製酒。當時人們戲稱為「澤西閃電」（Jersey Lightning），因為實在太難喝，以至於喝了之後，彷彿電到舌頭，會有「蘋果麻痺」（Apple Palsy）的症狀。

　　雖然蘋果製酒只是應急之策，但卻促使蘋果白蘭地在北美洲扎根茁壯。然而，問題還是沒有解決——如何使用不同的葡萄品種，製出符合品味的葡萄酒與白蘭地？隨著人們從美國東岸一路往西拓荒，加上來自南方的西班牙語系國家的文化影響以及葡萄品種輸入。人們即將在下個世紀找到對策，而北美洲的葡萄酒與白蘭地文化形象，也將逐漸清晰起來。

同是蘋果不同遭遇，東西兩岸兩樣命運

　　蘋果在美國扎根，在大西洋彼岸的歐洲，卻遭到政治打壓，而錯失發展良機。18 世紀初，諾曼第蘋果酒餾烈酒的品質與聲望看漲，成為當時干邑的競爭對手，歐洲北方很快就被高品質的蘋果白蘭地收服了，南方生產者心生妒忌並設法排擠。

　　法王路易十四於 1713 年頒布詔書，限制蘋果酒餾烈酒只能在諾曼第銷售。1789 年法國大革命之後，禁令取消，但是時機不再，否則按照諾曼第蘋果酒餾烈酒在 18 世紀初的氣勢看來，很可能取代干邑成為全球白蘭地產業霸主。不過，諾曼第蘋果白蘭地至少在 18 世紀末，已經深入文化肌理，人們婚喪喜慶急需現金，甚至會把庫存整桶烈酒拿出來賣給酒商，換取現金，成為實質上的貨幣。

　　在禁令解除之後，諾曼第蘋果白蘭地開始銷往巴黎，再加上卡爾瓦多斯在當時也成為諾曼第的五個省名之一，人們開始把「卡爾瓦多斯」與「蘋果白蘭地」聯想在一起。如今，卡爾瓦多斯已經成為世界

創立於 1780 年的 Laird's 家族蒸餾廠，是美國現存歷史最悠久的烈酒廠牌。

蘋果酒餾白蘭地的第一把交椅。

19 世紀：水果爭霸戰，第二回合交手

對於西班牙白蘭地來說，19 世紀初是重要里程碑，因為赫雷茲白蘭地真正底定動態桶陳培養系統，成為當今最獨特的白蘭地類型之一。這時，雅馬邑特有的柱式蒸餾器形制也大致底定，隨著河運開通與發展，孕育不少相當知名的生產商與酒商。如今許多知名的雅馬邑廠牌，都成立於 19 世紀，包括 Castarède（1832）、Dartigalongue（1838）、Papelorey 家族的 Larressingle（1837）、Janneau（1851）、Damblat（1859）、Gélas（1865）、Samalens（1882） 與 Jean Cavé（1883）。

其實整個 19 世紀對於歐陸葡萄種植區來說，是有風有浪，起伏無常的一百年，並不是那麼一帆風順。干邑白蘭地的故事特別精彩，幾乎是整個時代縮影。蘋果與葡萄之間的大戰，在 19 世紀進入第二回合。葡萄意氣風發，叱吒整個上半場。不料，下半葉卻出現戲劇性的逆轉，蘋果大勝葡萄。

干邑這個蓋爾小鎮，主要聯外道路是一條不起眼的鄉間小路。鎮外的路標卻出現多國語言的歡迎詞，恰是干邑揚名國際的寫照。

這瓶以 1840 年大香檳區採收葡萄製成的干邑,裝在古法製作的玻璃瓶裡。

干邑白蘭地:叱吒風雲的上半場

19 世紀上半葉,干邑產業規模成長,國際聲望上揚,產品更趨細膩,就連產品包裝都略勝一籌。雖然法國政權更迭,而且還經歷了兩次革命,社會情勢不穩,但是干邑卻經歷了黃金時期,高達九成外銷,幾乎一半產量都銷往英國。到了 19 世紀下半葉,甚至也開始銷往俄國、中國、印度、日本、澳洲與美洲。

這時的干邑不再以木桶散裝出貨賣給英國人,然後以他人名義分裝零售,而是改以原廠玻璃瓶裝出貨。由於印刷普及,酒標印製成為常態,生產商開始重視酒標設計、產品包裝、品牌形象這類行銷細節。18 世紀創立的一些老品牌干邑,到了 1857 年頒布〈商標法〉之後,也都開始有自己的商標與酒標。這段期間,白蘭地、木箱、玻璃瓶、軟木塞生產商與印刷廠商形成產業群聚,形成彼此拉抬、互利共生的生態。

兩個拿破崙:一個是壞蛋,一個是救星

19 世紀上半葉,對於干邑來說雖然順遂,但背後還是有些小插曲。1799 年,法國大革命結束後,干邑在 80 年間的銷量成長 13 倍,看來是個不折不扣的黃金年代。然而,漂亮數字背後有一大段精彩曲折的故事。

干邑大香檳區 Frapin 酒廠的 Béatrice Cointreau,回首這段歷史,有感而發地說:「對干邑來說,拿破崙一世是個壞蛋。」雖然干邑在 19 世紀初處於谷底,然而自此一路復甦,1807 年臻至高峰。拿破崙一世卻在此時對英國發動經濟封鎖,直接波及干邑外銷市場。就連拿

破崙戰敗後，干邑銷售仍大幅受限。直到 1860 年，拿破崙的姪子拿破崙三世與英國簽訂自由貿易協定，干邑銷量在短短 20 年內，衝到大革命前的 13 倍。

幾乎可以說，拿破崙三世是干邑的救星。但是沒有人是完美的，救星不見得會作戰。1870 年代，法國在普魯士戰爭中失利，為了籌措鉅額賠款而提高酒稅，干邑在國內的銷售市場再次萎縮。然而，該哭還是該笑？由於干邑聲名遠播，各處紛紛出現仿冒品，包括亞美尼亞、喬治亞在內，從干邑引進蒸餾器與製酒技術，生產自己的「干邑」。

然而對干邑來說，天大的事件既非一時增稅，也不是海外仿冒，而是葡萄園裡發生莫名的蟲害。

跨海而來的小蟲，從天而降的災難

干邑葡萄種植區在 19 世紀達到極盛 28 萬公頃，然而 1870 年代，葡萄根瘤蚜蟲開始肆虐。到了 1990 年代，歐洲八成的葡萄園遭到摧毀，干邑也只剩下 4 萬公頃。這場歐洲葡萄酒歷史上最嚴重的浩劫，元兇是隨著美洲進口葡萄樹苗進入歐洲的根瘤蚜蟲。

葡萄根瘤蚜蟲原生於美洲，美洲葡萄樹種具有抵禦能力，然而歐洲樹種卻無法抵抗。1887 年，一支由法國學者組成的研究團隊，被派往美國考察。他們在這裡得到啟發，發現藉由接枝，將歐洲葡萄樹苗嫁接到美洲葡萄樹根上，便可避免遭到根瘤蚜蟲危害。然而，問題尚未真正解決。

特定美洲樹種其實不適用於干邑園

19 世紀末，克勞德・布雪（Claude Boucher）成功製造了一台可以避免玻璃瓶在生產過程中破裂的機器。機器每小時生產 100 個玻璃瓶，是傳統口吹玻璃的兩倍。學徒只需要幾個月就能成為合格的玻璃工匠，不再需要花費數年，學習口吹玻璃工藝，大幅改變產業生態。這不僅宣示玻璃工業進入機械化時代，更反映干邑白蘭地產業興盛歷史圖景的一隅。

19世紀末，某些義大利格拉帕生產商，也開始裝瓶外銷。

區，因為土質富含石灰會導致葉黃病，而且傳統干邑葡萄品種可倫巴與白福樂（Folle Blanche），接枝之後特別容易生病。干邑農民們不知情，接枝復育葡萄園，但卻因為盛行葉黃病與黴病而再次遇挫。人們試過各種包括淋灑蒸餾殘餘液，替葡萄樹補充鐵質等偏方，但卻都無效。最後終於找到最佳方案，那就是用其他品種的美洲葡萄樹作為接枝砧木，並搭配干邑的另一個傳統品種白于尼（Ugni Blanc）。事隔百年，如今白于尼葡萄品種已經成為干邑種植的主導品種。

後來，人們百思不解，1860年代並不是歐洲第一次從美洲輸入葡萄樹苗，但為何根瘤蚜蟲害卻在當時才爆發？這是因為海上運輸出現革命性的進步，蒸汽船取代帆船，只需要10天就可以橫越大西洋，從美洲抵達歐洲的蚜蟲比以往更具生命力與破壞力。文明發展如同一把雙面刃，蒸汽機裝在火車上，促進了酒業貿易發展；裝在船上，卻替歐洲酒業帶來一場意外浩劫。

早在19世紀初，義大利波隆那就已經有來自法國干邑的移民生產白蘭地。到了1880年代，干邑的蟲害愈演愈烈，但並未完全停產，而是從義大利維內托（Veneto）、坎佩尼亞等地進口特雷比亞諾（Trebbiano）葡萄品種白酒作為蒸餾原料，這個品種也就是干邑的製酒品種白于尼，只是名字不同。

葡萄根瘤蚜蟲摧毀了葡萄園，卻也帶來意外收穫。首先，天災讓人們懂得團結，成立了促進同業合作的機構，並推動制定生產法規。在葡萄園重建過程中，也更有計畫地復育，放寬栽植行距，幫助預防蟲害，也替日後的機械採收奠定了基礎。

大洋遙遠另一端：祕魯皮斯科的低潮與突破

早在 17、18 世紀，祕魯皮斯科就已經外銷到美國加州，打開國際知名度。19 世紀初期，南美洲國家紛紛獨立，1821 年，祕魯也脫離西班牙而獨立，雖然一連串問題接踵而至，卻由於與英美建立貿易關係，從外地來到祕魯經商的人們開始對皮斯科產生興趣，出現了新的外銷市場。19 世紀中葉，由於淘金潮而聚集在舊金山灣的人們，也開始喝起皮斯科。

這時的祕魯皮斯科，已經從早期的非芳香型葡萄品種克布蘭達（Quebranta）製酒，轉為兼用芳香型葡萄，非常盛行的芳香型品種名為意大利亞（Italia），據信是義大利移民帶來的。人們發現，葡萄汁發酵尚未結束就進入蒸餾程序，可以避免葡萄酒由於貯存不當而帶來的不良風味，因此傾向以半發酵葡萄汁（mosto verde）蒸餾製酒。這便催生了祕魯皮斯科最有特色的「芳香型葡萄品種半發酵蒸餾製酒」，這個類型在當今白蘭地的世界裡，依然顯得獨樹一格。

19 世紀下半葉，祕魯皮斯科產業先是遭遇重創，但是接近 19 世紀末，卻進入黃金時期。1868 年的祕魯大地震，敲響了不祥的鐘聲。1879 年，祕魯、智利與玻利維亞為了搶奪自然資源開戰，掀起所謂的南美洲太平洋戰爭。戰後由於市場結構改變，直接衝擊祕魯皮斯科市場。首先是鐵路運輸興起，價格廉宜的蘭姆酒取代了皮斯科，成為銷售最廣的日常飲料；其次，玻利維亞的礦業轉趨沒落，原本的礦工消費市場萎縮，在供需失衡下，葡萄種植面積迅速下滑，位於南方的阿雷基帕（Arequipa）與莫克瓜（Moquegua）皮斯科產區，遭到衝擊最深。

1880 年代，正在肆虐歐洲葡萄園的葡萄根瘤蚜蟲，也來到了祕魯，在這段期間，伊卡（Ica）由於灌溉水源充足，採用傳統的漫淹灌溉法，葡萄園每季都有數次完全被水淹沒，葡萄根瘤蚜蟲無法生存。這段逆境過後，祕魯皮斯科的生產更進一步集中於伊卡產區。來自義大利的新移民，帶進了葡萄種植與製酒技術，包括伊卡、利馬（Lima）在內的祕魯皮斯科北部產區，皆蒙其惠。在短短 20 年間，

祕魯皮斯科進入了黃金時期，直到 20 世紀上半葉，皮斯科替祕魯帶來了不少榮光。

美國淘金淘不了金，種起葡萄跟上風潮

美東地區原本特別流行干邑白蘭地，而美西地區則特別盛行祕魯皮斯科。除了進口之外，美國加州在 19 世紀中葉，即有以野生葡萄品種蒸餾製酒的紀錄，但尚未形成有規模的白蘭地產業。1848 年爆發加州淘金熱，聚集於此的人們，多數無法實現發財夢，於是便投入葡萄酒與白蘭地產業。加州的環境條件適合葡萄酒製酒業，在得到許多新血加入之後，迅速壯大起來。

19 世紀末，美西地區人口激增，白蘭地需求隨之擴大。美國兩個經典的白蘭地品牌 Christian Brothers 與 Korbel，就創立於 1880 年代。當時的白蘭地生產商在創業之初，多半採用加州當時盛產的一般食用葡萄品種製酒，包括湯普森無籽葡萄（Thompson's Seedless）與火焰托凱粉紅葡萄（Flame Tokay）。後來，有些製酒葡萄品種也投入白蘭地的生產，包括可倫巴、白梢楠（Chenin Blanc）、格那希（Grenache）、巴貝拉（Barbera）與蜜思加（Moscato）。

如今，加州是美國規模最大的葡萄酒與白蘭地產區，然而在站上這個位置之前，美國加州白蘭地產業，也曾部分遭遇葡萄根瘤蚜蟲肆虐，但是並未停產。美國加州白蘭地在那個年代，甚至還能外銷歐洲，填補干邑白蘭地原本的市場空缺。

歐洲移民齊聚澳洲，順水推舟來做蒸餾

在世界白蘭地的時間軸上，澳洲算是相當年輕。當初是來自義大利、法國、德國、英國與荷蘭等各國移民，把葡萄酒文化帶進澳洲。由於荷蘭人與英國人有飲用加烈葡萄酒的習慣，而生產類似波特與雪莉酒型態的加烈葡萄酒，必須先有白蘭地才能滿足製程需要，白蘭地蒸餾業便應運而生。

到了 19 世紀中葉，南澳巴羅莎谷（Barossa Valley）一帶種植的葡萄，已經用來生產葡萄酒與白蘭地。19 世紀末，已經孕育出包括 St. Agnes 在內較有規模的品牌。

蘋果酒重振旗鼓，千載難逢好機會

1831 年，連續蒸餾器問世後開始四處傳播，諾曼第也開始兼採製酒。19 世紀初，自然科學進入現代階段，被廣泛應用於各產業，到了 19 世紀中葉，諾曼第蘋果酒往前跨了一大步。除了人為努力之外，19 世紀下半葉，歐洲葡萄園出現了來自美洲的蟲害，摧毀了歐洲過半的葡萄園，讓諾曼第的蘋果酒產業，更向前躍進好幾步。

葡萄根瘤蚜蟲災難造成葡萄短缺，產酒銳減，葡萄酒釀造與蒸餾業全遭重挫，蘇格蘭的麥芽製酒業與諾曼第的蘋果製酒業，撿到大好機會，兩者銷售均大幅成長。諾曼第當地甚至稱之「美好年代」（Belle Époque），蘋果種植面積狂飆四倍，搭配連續蒸餾製酒，仿若印鈔機日夜不停流出液體鈔票。諾曼第蘋果酒在巴黎甚至取代葡萄酒，原本只生產蘋果發酵酒的農家，也轉型開始生產蘋果酒餾烈酒。保守估計，諾曼第的蘋果酒產業規模，在 15 年內成長 6 倍。

20 世紀：半個世紀哀愁，半個世紀奮鬥

葡萄根瘤蚜蟲肆虐歐陸之後，威士忌奪下全球烈酒市場。20 世紀上半葉，調和式威士忌大行其道，20 世紀下半葉，麥芽威士忌崛起。這段期間俄國爆發革命，全球經濟蕭條，經歷兩次大戰，美國宣布禁酒，國際情勢險惡，白蘭地產業內，也有待解決的問題。

多數白蘭地在這百年間的遭遇，可謂在夾縫中求生存，就算逃過一劫，也躲不過其他衝擊。就以澳洲為例，美國在 1920 年宣布禁酒，全球烈酒業一夕之間失去重要市場，原本應在美國銷售的產品，必然往其他國家找尋商機。澳洲當時率先推出關稅保護，保障國內酒類製造業。然而，全球經濟大恐慌依然動搖了澳洲白蘭地產業，當時進口

白蘭地與國產白蘭地的銷售幾乎呈現垂直下跌。

諾曼第蘋果烈酒 19 世紀末的「美好年代」，也隨著一戰爆發告終。經歷兩次大戰，卡爾瓦多斯知名度更高，但是整體品質下降。但是對於干邑來說，兩次大戰卻像一番洗禮與沉澱。1949 年開始，中國共產黨宣布禁止進口，鎖國 30 年，以干邑為主的白蘭地遭到衝擊，但是干邑最後仍然找到新的替代市場。在 20 世紀下半葉，干邑再次站上世界白蘭地舞臺，重登世界白蘭地的王座。

難喝，還是得喝！

第一次世界大戰爆發後，諾曼第蘋果與蘋果酒幾乎全被徵收，因為軍工廠生產火藥需要酒精，而國家支付補償金可以保障收入，所以農家多半願意配合。這段期間諾曼第生產了大量烈酒，但非供飲用，品質不高。這段歷史的後遺症，是生產商在戰後延續了鬆散的烈酒生產品質標準，卡爾瓦多斯不堪入口，直到二次大戰結束後都是如此。所謂不堪入口，不只是從今人標準來看，時人也覺得難喝。

難喝的酒，剛好可以配難喝的咖啡。在當時，酒難喝，咖啡更難喝，混在一起反而還比較容易入口，稱為「咖啡—卡爾瓦」（Café-Calva），顧名思義就是咖啡加卡爾瓦多斯。在諾曼第、巴黎或其他地方，點一杯咖啡，若沒有特別說「不要卡爾瓦」，就會附一杯卡爾瓦多斯。卡爾瓦這個簡稱，久而久之，也成了低劣品質的代稱。如今，卡爾瓦多斯生產商，最痛恨聽到「卡爾瓦」，而總是說「卡爾瓦多斯」，即便在某些其他外語裡，卡爾瓦聽起來還更俏皮可愛。

咖啡難喝，有其時代背景。第二次世界大戰爆發沒多久，法國就被德軍佔領，諾曼第大多數村莊都被嚴密監控。包括卡爾瓦多斯在內的自有物資雖然不虞匱乏，但是咖啡卻成了配給物資，而配給量當然不可能足夠。人們設法自製咖啡，凡是能焦會苦的，都被當成咖啡，譬如烤焦的大麥或苦苣。冒牌咖啡並不好喝，所以摻酒便成常態。整個 20 世紀上半葉，法國當地工人們，不論是冒著惡劣天候需要暖暖身子，還是要進入隨時都有可能坍塌或爆炸的礦坑，需要提振勇氣，

都會喝了再上。

擄獲人心靠軟實力，進軍超市有硬底子

第一次世界大戰，其實更進一步打開了卡爾瓦多斯的名聲。法國各地特產隨著親人準備的包裹送到前線，士兵們在戰壕裡稍事喘息的時候，拿出酒與食物傳遞分享，宛若法國特產總匯。戰壕裡傳遞分享的一點一滴，就這樣滲進士兵們的心靈。生死關頭，更應該喝烈酒或葡萄酒得到更多慰藉，在戰壕裡喝過卡爾瓦多斯，經歷大戰倖存下來的人，都自然成了卡爾瓦多斯的國民大使。

講到第二次世界大戰的諾曼第，一般人更記得諾曼第登陸，而不會想到卡爾瓦多斯。盟軍登陸之後，喝卡爾瓦多斯，準備迎接大戰結束。卡爾瓦多斯隨著軍人們的回憶返鄉，在美國、加拿大、英國、德國和其他國家播下了種子。然而二戰後，卡爾瓦多斯產業反而停滯。因為諾曼第遭到嚴重蹂躪，戰後百廢待舉，重建步調緩慢，人口大量外移。蘋果酒滯銷，政府甚至提供津貼補助，鼓勵農民砍樹，以免生產過剩。然而，農民砍了果樹，政府卻也砍了補助，農民陷入困境。這一連串事件，雖然造成果樹無故被砍，但也形同一次大清掃，聚集在最佳種植區，堅持下來的廠商，幾乎都能存活下來。

消費環境改變，桶裝卡爾瓦多斯銷量一路下滑，有些生產者開始少量裝瓶，送到外地銷售。沒想到，這卻成了一條很不錯的出路。1960 年代，超級市場誕生了，城市居民習慣在同一家商店裡，買到所有想買的東西，而且農產食品就是要小包裝，而不是一次買半頭牛、一桶酒。瓶裝酒，恰好搭上這波零售興起的列車，卡爾瓦多斯原本就有好品質的硬底子，面向全國大眾之後，產業逐漸出現轉機。

在 1970 年代，人們對卡爾瓦多斯的印象，仍停留在用來跟咖啡一起喝的年輕蘋果白蘭地，而不是經過桶陳培養的陳年卡爾瓦多斯。隨著鄉村人口外移、工廠工作環境與社會環境因素的改變，諾曼第當地的卡爾瓦多斯消費習慣逐漸消失。如今，卡爾瓦多斯面向世界，有更多元發展的可能。

早期的手工裝瓶機台，右邊
的版本是 20 世紀初的發明。

法定產區規範上路，干邑率先重返舞臺

　　19 世紀末，根瘤蚜蟲肆虐，不論是葡萄酒還是白蘭地，產量暴
跌，供不應求。趁火打劫的商人們到處收購，並假冒名莊產區名稱出
售，賺取暴利。市場混亂，引發農民不滿，也引起主政者關切。其實，
產地名稱不應該被視為商品類型名稱，已經是普遍的共識。只不過，
要到 1929 年，才真正透過立法確立產區名稱管理規範，整個程序由
於經歷兩次世界大戰而延宕多年。干邑白蘭地產區在 1909 年劃定生
產範圍之後，1936 年獲得正式法律地位，1938 年才追認種植區內的
各個產區，而且歷來不時修訂。1948 年，干邑白蘭地公會與既有的
葡萄種植研究處整合，逐漸轉型為多功能組織。整個 20 世紀，有許
多酒類產區都出現類似的組織。

白蘭地世界的民族獨立運動：新的產品名稱，新的身分認同

　　整個 19 世紀，葡萄酒餾烈酒與葡萄渣餾烈酒，都被廣泛稱為「干
邑」，亞美尼亞、喬治亞與烏克蘭生產「干邑」（Коньяк），西班
牙有「干邑」（Coñac），葡萄牙也有「干邑」（Conhac），德國也
有產品直接稱為干邑（Cognac），不勝枚舉。1930 年代末期，干邑

這個詞彙被賦予原產地意義，不是產自法國干邑的白蘭地，開始改用其他名稱。不論是借用生命之水的名號，從歷史軌跡尋找靈感，或者另起富有民族語言獨特標誌的新名，都是替代干邑一詞的可能選項。

義大利在 1880 年代，曾經也有過自己的「干邑白蘭地」。義法交流頻繁，再加上當時沒有保護產區名稱的觀念，品質好的義大利白蘭地會被稱為干邑，而南法生產的葡萄酒也會借用義大利知名葡萄酒產區名稱「奇揚地」（Chianti）。義大利在 1948 年聲明放棄使用「干邑」一詞作為義大利白蘭地的產品名稱，並於 1956 年成立專賣機構。義大利產業界同意放棄「干邑」這個響亮的稱號，改用「白蘭地」，其中一個重要的原因是，義大利西北部皮埃蒙特方言裡的「生命之水」稱為「branda」。當時義大利人普遍認為 Brandy 一詞是義大利人發明的。

20 世紀中葉的義大利，正值民族主義高漲的年代，干邑這個法語借詞被捨棄之後，富有義大利語言風格的 Acquavite（生命之水）、Arzente（燒灼之水）等詞彙就乘勢登場了。1970 年代，各式水果烈酒都逐漸發展出自己的名字，譬如義大利的葡萄渣餾烈酒，被稱為格拉帕（Grappa）就是一例，但是當時人們也泛稱格拉帕為生命之水。

你的是我的，我的還是我的

20 世紀初正值祕魯皮斯科的黃金時期，同樣生產名為皮斯科的智利，為了在歐洲市場爭取更多商機，於 1931 年率先推出「智利皮斯科原產地名稱」，形同搶先註冊了「皮斯科」這個商標，並利用祕魯皮斯科長久以來累積的聲望，替自己的皮斯科增加國際行銷力道。1936 年，智利最重要的皮斯科產地之一 La Unión，更名為 Pisco Elqui，智利開始有計畫地把自己形塑為皮斯科國度。

祕魯皮斯科產業對此似乎毫不在意，或者說，完全沒有意識到共用皮斯科這個名號，將衍生出多少棘手的問題──儘管祕魯皮斯科與智利皮斯科，是不一樣的白蘭地類型。從葡萄品種、添糖製酒、蒸餾程序、摻水降度與桶陳培養諸多方面，祕魯皮斯科與智利皮斯科差異

頗大，然而，國際市場不見得能夠清楚分辨。智利的國際行銷策略非常成功，甚至連智利本國人都不見得知道，皮斯科其實不是原產於智利的白蘭地。

祕魯之所以沒有起而反對，與當時的經濟大蕭條，以及隨之而來的政局動盪有關。到了 20 世紀下半葉，由於躁進的土地改革政策，土地產權重新分配，讓既有的農業生態遭到打擊。祕魯皮斯科產業，也無從倖免，可以說是內憂不斷，無暇攘外。在這段期間，祕魯皮斯科的品質水準下滑，但酒還是要喝，怎麼辦？知名的 Pisco Sour 調酒盛行起來，配方很簡單，就是皮斯科加糖與檸檬汁。人們說，皮斯科品質愈差，調酒就愈香甜好喝，因為糖加得不夠，根本無法喝。

從調味走向添糖，從添糖走向少添糖

1960 年代，許多水果烈酒品質遠不如當今平均水準。為了遮掩不良風味，讓酒更加適口好喝，添糖加味成了常態。歐洲南部包括義大利等地，咖啡、巧克力，各式辛香料、植物根莖花葉，乃至各種水果，都成了烈酒調味料。這類酒種已經成為獨立類型，英語稱為 liquor，義大利語是 liquore，法語是 liqueur，一般譯作香甜酒，或直接音譯為利口酒。

調味烈酒在酒類發展史上並不是新發明，早在 18 世紀中葉，北方的威士忌就添加多種藥草、辛香植物與果實，以達到風味遮瑕的目的，因為新酒慍烈不易直飲。到了 18 世紀末，威士忌成為直飲型無色烈酒，但是南方的葡萄渣蒸餾烈酒，距離直飲型無色烈酒還有一小段路要走。義大利渣餾烈酒史上，第一瓶無色格拉帕，要到 1980 年代才正式問世。以葡萄渣餾白蘭地為基底的調味香甜酒，便以歷史遺跡的姿態，繼續留存下來，除了純飲之外，也成為開胃酒、餐後酒等各式調酒的配方，甚至成為烹飪或烘焙的調味用酒。

蒸餾葡萄渣取酒是生活貧困的寫照，早期的渣餾品質也普遍低於酒餾烈酒。文學作品裡甚至可以讀到，小說家利用故事裡的人物偏好酒餾白蘭地，不喜歡渣餾白蘭地，來暗喻品味與身分。隨著時代改變

與技術演進，包括義大利與法國在內的多種渣餾烈酒品質與聲譽逐漸建立起來，添糖調味也不再是必然的操作工序。至於葡萄酒餾白蘭地，通常在桶陳培養完畢之後會添糖，藉以平衡澀感。如今依然有這項傳統，但是添糖量有逐漸變少的趨勢。

適得其反的禁酒令

到了 20 世紀初，美國的白蘭地產業正要起飛。1918 年，一戰結束，喝一杯白蘭地感到特別寧靜，因為禁酒令即將於 1920 年頒布。出乎意料的是，這項以道德正義為名，防治酒精危害的政策，竟帶來意想不到的反效果。這場對國家經濟、社會治安與人民品味都造成極大衝擊的暴風雨，終於在 1933 年結束。美國白蘭地產業在取消禁酒令之後的 40 年，才真正復甦。

話說禁酒，其實替走私創造無窮商機，美國邊境外的合法交易區，包括加拿大、古巴、白慕達，酒類通貨量在數年內暴增 400 倍。地下交易利潤豐厚，誘因強大，防不勝防。小票走私，就綁在大腿上、藏在靴子裡，由陸路帶進美國；大票的，不惜與美國海岸巡防正面交鋒，走私者有備而來，裝備精良，往往搶灘成功。美國禁酒造成走私猖獗，地下酒館興起，既無從管理也無法抽稅，也間接養肥了幫派集團。

在禁酒時期，美國境內的白蘭地生產商被迫歇業。但是在美國，干邑一直被視為醫藥用品，所以法國干邑在這段期間卻被允許進口，只是一般白蘭地可就沒有那麼好運。美國禁酒期間，人們還是想盡辦法，就是要喝到酒，甚至許多家庭開始使用簡陋的設備，收集水果，自行蒸餾白蘭地。

解禁之後，美國加州白蘭地闖出名號

美國加州在 1930 年代，有好幾個年份葡萄生產過剩，在平抑物價政策下，政府要求每個生產者，把將近一半的葡萄收成蒸餾製成白

蘭地，並且經過兩年熟成，藉此維持供需平衡。這些白蘭地在二戰期間，剛好適合上市銷售。加州白蘭地在歐洲市場上，逐漸打開名聲，並被認為是一種特殊的風格，特別清淡爽口，與傳統歐洲白蘭地不同。在戰後，加州白蘭地也延續了此一風格路線。

對於葡萄酒生產商來說，跨足白蘭地蒸餾業的好處，是當時風行加烈葡萄酒，原本就需要白蘭地作為生產原料。這段期間出現的白蘭地蒸餾與批發商，也促進了美國加州的葡萄酒餾白蘭地產業蓬勃發展。直到 20 世紀中期，已經孕育出將近 20 個知名廠牌，包括 E & J Gallo、Christian Brothers、Korbel 與 Paul Masson。

1960 年代，美國境內白蘭地消費量成長四倍，其中超過七成是加州白蘭地。至此，加州白蘭地不但底定了風格路線，也奠定了在美國白蘭地產業中的龍頭地位。1970 年代以降，生產規模愈來愈大，品質也趨於穩定。然而物極必反，噩夢正要開始。

美國當時的白蘭地市場熱絡，產品供不應求，許多廠商乾脆把剛蒸餾完的新製烈酒，送往肯塔基州培養，因為波本威士忌產業可以提供大量橡木桶。廠商行銷加州白蘭地，通常會強調桶陳培養，但人們不見得知道原來不是在加州培養。同時，廠商開始使用大型柱式連續蒸餾設備製酒，以滿足日益擴大的市場需求，雖然品質與初期壺式分批蒸餾製酒不可同日而語，但由於消費者無法分辨，於焉形成了品質倒退的普遍現象。與此同時，年輕族群開始排斥本土白蘭地，視之為上一輩的老玩意，隨著國民海外旅遊見聞增加，國外優質產品也開始分食美國白蘭地市場。1980 年代，加州白蘭地的形象已經跌落谷底。

近年來，干邑白蘭地重返美國市場，帶動白蘭地的品質意識與市場氣氛，有些品牌因此作出改變，呼應全球工藝蒸餾風潮。世界調酒狂熱方興未艾，加州白蘭地作為一個品牌，在美國得到了重生所需的養分與環境，重返菁英市場，指日可待。包括 Osocalis、Charbay、Jaxon Keys 與 Germain-Robin 在內的這些廠牌，幾乎可以說是加州白蘭地工藝酒廠的模範。其中 Germain-Robin 在加州北部門多西諾（Mendocino）經歷將近 40 年耕耘，掌握種植條件與葡萄品種互動，契作模式也已成熟，如今使用刻意提早採收的黑皮諾（Pinot Nero）

葡萄品種製酒，並視年份條件兼採榭密雍、蘇維濃、金芬黛、白梢楠與蜜斯加等品種。其他包括格烏茲塔明那（Gewurztraminer）、帕羅米諾（Palomino）、夏多內（Chardonnay）、白于尼、白福樂在內的葡萄品種，也都可以用於生產加州葡萄酒餾白蘭地。

西語系國家白蘭地崛起

西班牙曾為殖民帝國，19 世紀末完全失去美洲殖民地，20 世紀上半葉，接連經歷西班牙內戰與第二次世界大戰，西班牙不再從中美洲進口蘭姆酒之後，原本仰賴進口烈酒的地區，譬如西班牙境內東北部加泰隆尼亞的佩內德斯白蘭地（Brandy del Penedès），才真正開展在地葡萄酒蒸餾業，以滿足在地需求，搖身成為世界最年輕的白蘭地產區之一。

20 世紀下半葉，墨西哥的白蘭地蒸餾業規模，已經躍升至全球前三大，白蘭地成為墨西哥最重要的國民酒類飲料。墨西哥約莫九成的葡萄收成都製成白蘭地，製酒葡萄包括歐洲品種卡利濃（Cariñena, Carignan）、帕羅米諾、美洲原生的葡萄品種湯普森（Thompson）等。墨西哥中部的阿瓜斯卡連特斯（Aguascalientes），原為最重要的葡萄種植區，現今則以北下加利福尼亞州（Baja California Norte）為主。墨西哥白蘭地多以連續蒸餾製酒，烈酒個性雖然不太鮮明，但是傳承了西班牙赫雷茲白蘭地製程當中，一種名為索雷拉（Criaderas y Soleras）的動態培養系統熟成白蘭地，算是一大特色。

21 世紀省思

白蘭地是人類世界的寫照

過去 50 年來，白蘭地世界不乏後來居上的成功案例，也可以看到血淋淋的殘酷戲碼，宛若人類世界的寓言與預言。白蘭地發展歷經幾番浮沉，全世界各種白蘭地，彷彿是能夠啟發生命視野的導師。

這樣時空跨度寬廣，深深與人類文明交織在一起，具有歷史感與全球性的烈酒飲料，應該怎麼看待它？歷史不斷重演，我們該如何自處？

假設你是生產者

沒有所謂「百年不變」的傳統。隨著全球氣候變遷、市場變化，白蘭地的生態與版圖已經改變。人文、科技、思維、品味無一不在改變。所謂獨一無二的印記，無法在每個不同的時空環境下準確複製，而且也沒有必要。白蘭地產業有古老陳舊的一面，然而，舊事物在新時空環境與創意思考下，也能擁有嶄新面貌。如果你是生產者，記得世界上所有的水果王國，都有生產白蘭地的潛力。

消費者

物極必反是世界運行法則，人的一生當中，總會經歷幾次具有時代意義的變革。如果你是悠遊於烈酒世界的品味者，你很可能在有生之年，見證白蘭地的回歸。不論是什麼類型的白蘭地，都曾經歷品味與市場變化，歷史必然重演。當今，正是因為太多人以為白蘭地的時代已經過去，所以白蘭地的時代即將再次到來。已經準備迎接新時代的人，將佔盡優勢。別劃地自限，忽略了白蘭地的品味，或許你缺的正是這一味。

如果你是銷售商

你靠銷售賺錢，當然必須懂得市場潮流趨勢。順應變化，主動出擊，甚至推波助瀾，創造潮流，才能搶先獲利。我更想提醒你的是，行業內的品牌間競爭，以及類型間的競爭，不是沒有和解的可能，走向合作反而能夠創造更多機會。白蘭地市場尚未完全重新打開，這個階段最好的策略，是品牌與類型之間彼此合作，達到共同行銷的效果，恢復白蘭地在烈酒市場裡的地位，創造烈酒市場的共榮。

Part 1

何為白蘭地？
為何白蘭地？

WHAT IS BRANDY?
WHY BRANDY?

這本《世界白蘭地》是我酒類著作當中，篇幅最小的其中一本。然而，無疑是世界上絕無僅有、視野最廣的一本白蘭地專書。

　　華語「白蘭地」譯自外語「Brandy」，然而語義卻被擴充了，使用果實作爲原料製成的烈酒，幾乎都可以稱爲白蘭地。也因此，「寫一本白蘭地專書」，比「寫一本Brandy專書」涵蓋的範圍更廣。

　　從西洋的文化視野與語言角度出發，許多屬於白蘭地的酒種，其實不被稱爲白蘭地，而有自己的專屬酒種名稱；反觀某些被稱爲白蘭地的，卻不見得是嚴格意義上的白蘭地。

　　首先，我要帶你從較高的視野，俯瞰世界酒類體系，重新認識白蘭地。

CHAPTER 1

重新認識白蘭地
Brandy revisited

1-1 白蘭地、葡萄酒與威士忌

在葡萄酒與威士忌擅場的這個時空下，白蘭地世界仿若圍了一堵高牆。且讓我們從葡萄酒與威士忌的角度來看白蘭地，你或許更能認清白蘭地在世界酒類體系裡的位置、意義與價值。

白蘭地的學問，不遜於葡萄酒

白蘭地可以是蒸餾過的葡萄酒，但卻不只是蒸餾過的葡萄酒！

白蘭地跟葡萄酒一樣，有不少概念相通的品質要素

從製酒水果作為分類標準，世界白蘭地可以分成兩大類：葡萄製酒，與葡萄以外的其他水果製酒。葡萄製酒，還可以細分為葡萄酒蒸餾、葡萄渣蒸餾、葡萄果實整粒發酵而後蒸餾（簡稱葡萄果餾）、葡萄酒渣蒸餾、加烈葡萄酒或加烈葡萄汁混餾等不同情況，另外還要考慮葡萄品種差異；非葡萄的水果製酒亦然。不難略窺世界白蘭地豐富多元的一面。

葡萄是對環境敏感的農作物，彷彿能夠將種植環境的細微差異，記錄在果實裡，並在製酒過程當中，透過風味表現出來。葡萄是最富風味潛力的製酒原料，使用種植在不同地方的不同葡萄品種製酒，風味潛力各有不同，這是白蘭地最引人入勝的特點之一。這些從酒杯裡得到的樂趣，絲毫不遜於葡萄酒。

葡萄酒桶陳培養的有無、長短、桶型，以及調配工藝，都是風味與品質因素，白蘭地也一樣。來自桶陳培養階段的風味，取決於烈酒本身特性、木桶規格型式，以及熟成的時空，桶陳培養過程中，每個環節彼此互動，其複雜度並不亞於葡萄酒的學問。

白蘭地不同於葡萄酒,還多了關於蒸餾工藝的學問

白蘭地有許多種類,若單就葡萄酒餾來說,白蘭地的學問,可以說是以葡萄酒學為基礎,再加上蒸餾工藝。

蒸餾就是萃取濃縮,創造風味,消除雜味,選擇成分,得到烈酒的過程——從待餾原料裡萃取酒精與芬芳物質,加熱過程促進化學反應,創造新的風味物質,銅質接觸消除雜味,藉由切取選擇不同冷凝區段,最終得到符合期望的烈酒。

白蘭地的製酒水果,風味潛力各有不同,再加上蒸餾是個複雜的互動網絡,操作細節與設備排列組合,決定了物質去留與風味形塑,白蘭地的變化繁多,不比葡萄酒簡單。

白蘭地比威士忌多些大地聲息

白蘭地跟威士忌一樣,將廠區印記,變成風味

葡萄酒界廣泛使用的「風土人文條件」(terroir)一詞,也部分適用於白蘭地,但是威士忌廠牌之間的差異,卻不適合用風土人文的概念解釋,而更適合用「廠區特性」(site-specificity)或「反應群組」(reaction group)來解釋。

廠區是一個可以獨立分析的地理區域,其設備製程與產品特徵,可以視為人文、歷史、科技、經濟在自然環境影響之下的綜合結果。對於烈酒品飲來說,廠區風格(distillery character)也是具體的研究對象;探討廠區風格,本質上就是研究生產技術細節,在自然與人文雙重因素影響之下,如何造就蒸餾烈酒的風格。這也是烈酒品評引人入勝的地方,白蘭地品飲,也少不了這層學問與樂趣。

白蘭地略勝過威士忌,把大地聲息,裝進酒瓶

酒類研究著重產區觀念,但原料產地與製酒地點的概念內涵不

同。以葡萄酒餾白蘭地來說，產區劃分通常以葡萄種植區為基礎，也就是原料來源。由於水果相對容易腐壞，不耐運輸，按照慣例必須在採收當地製酒，因此通常能夠展現某種程度的產區特性。相對來說，威士忌業界以蒸餾廠所在位置定義產區，而製酒麥芽原料較耐長途運輸，穀物種植地點與蒸餾製酒地點距離較遠，農產原產地概念相對模

世界酒類體系概念圖譜

　　我用一張簡圖，讓你看出白蘭地在世界酒類體系裡的位置，希望你的酒類視野更加完整。不同酒類之間都有某種關聯與相通之處，每多認識一種，距離酒類世界真實圖景也就更近了一些；你累積的知識能量與研究工具，也就更多了一些。

　　見聞愈廣，愈能觸類旁通，得到啟發。喝葡萄酒，不妨也試著認識同屬釀造酒的啤酒，或把觸角伸展到葡萄與水果蒸餾酒——白蘭地。喝威士忌，不妨試著接觸葡萄酒與啤酒，若是能夠對發酵酒有些概念，都會幫助你更瞭解威士忌。

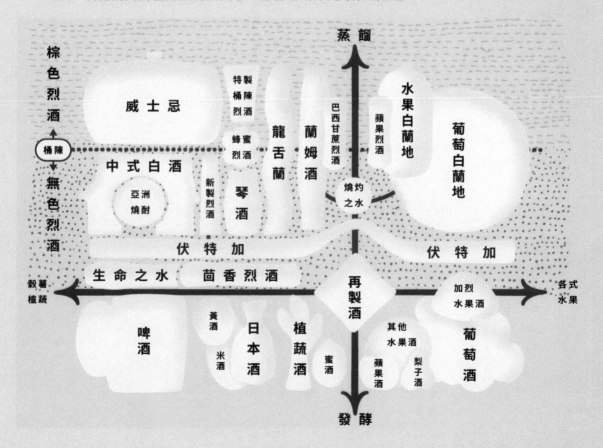

糊。再加上穀物與葡萄不同，比較無法透過製酒風味展現種植環境差異，因此，威士忌更講究蒸餾廠周遭的自然環境，如何與製酒設備、操作程序產生互動，並以特定廠區風格表現出來。

然而，廠區風格並不是威士忌獨有的品味樂趣，而是蒸餾烈酒普遍共有的特質。白蘭地就是這樣，將製酒原料蘊含的原產地個性，以及廠區風格特點，全部化作風味，裝進瓶裡，在品味樂趣方面，毫不遜於威士忌。

1-2 什麼是白蘭地？大哉問！

全球白蘭地生產帶——哪兒有白蘭地，就有水果

有水果的地方，就有白蘭地！
保加利亞水果白蘭地稱為拉基亞（Rakya），可以是葡萄酒餾白蘭地，也可以是水果果餾白蘭地。製酒水果包括蜜李、杏桃、梨子、蘋果、榲桲、櫻桃、無花果、黃李、烏梅、蜜桃、黑莓與蜜瓜，當地家庭製酒傳統已經深入文化肌理。

水果，是人類最早發現的食物之一。相對於狩獵動物、茹毛飲血，採集野生果實是先民謀生的基本方式。人類很早就發現水果會自然發酵，乃至懂得使用水果與穀物混合製酒。過去五百年來，人類開始利用蒸餾技術生產烈酒，水果蒸餾烈酒就成了如今人們所謂白蘭地

的前身。

　　由於水果相對容易腐壞，所以水果蒸餾烈酒比穀物蒸餾烈酒更有
地理限制，但卻也因此更富人文史地、社會經濟等文化層面的意義，
而且多少都帶有傳統地方色彩。歐洲各地民族文化不同，孕育出特別
多樣的水果蒸餾烈酒文化，而且分布頗廣。從法國西北諾曼第、東北
洛林與阿爾薩斯，往東經過德國西南與東部，進入奧地利、匈牙利、
保加利亞，都是傳統水果烈酒產區。古羅馬時代的老普里尼（Pliny
the Elder）就曾說過：「這裡是水果的樂園。」這條水果烈酒帶大致
與葡萄酒文化區重疊，而有葡萄、葡萄酒的地方，通常也有生產葡萄
果餾、葡萄酒餾與葡萄渣餾烈酒。

　　有葡萄酒就可以生產葡萄酒餾白蘭地，但全球白蘭地版圖比這更
廣。水果白蘭地可以使用果碎直接發酵並蒸餾，換言之，無需掌握果

世界白蘭地分布——葡萄酒生產帶與水果蒸餾酒生產帶

汁製酒技術,也能得到水果果餾白蘭地。再加上製酒水果多樣,而且蒸餾技術普及,多元而寬廣的白蘭地世界已然成形。

雖然並非有水果的地方,都會發展出水果烈酒文化,但是不難發現,世界白蘭地生產帶已經超越葡萄酒帶涵蓋範圍。水果蒸餾烈酒在北半球的生產區域,北以加拿大魁北克與英國南部為界,向南則延伸到墨西哥;在南半球,祕魯以生產一種名為皮斯科的白蘭地聞名,讓白蘭地在南半球產區的界線,比葡萄酒帶還要更接近赤道。

現在你知道了,世界白蘭地的版圖很廣,白蘭地以水果為製酒原料,所以有白蘭地的地方,就是有水果的地方。然而,並非有水果的地方,就必然孕育出白蘭地。接下來,我要仔細談談,以水果為原料製成的烈酒,不見得都是白蘭地。

沒標註卻是白蘭地?有標註卻不是白蘭地?

白蘭地有不同類型,每個類型有不同外文名稱,不同國家與地區又有不同版本,交織出多樣而複雜的體系。首先,我們要替白蘭地的範疇畫個界線,並非所有以水果為原料製成的烈酒,都是白蘭地。

甘蔗雖然可以視為水果,但是甘蔗或蔗糖製酒,不被當作白蘭地,而是甘蔗酒或蘭姆酒。另外,櫻桃白蘭地有時不是白蘭地,而只是水果糖漿調味的香甜酒,真正的櫻桃白蘭地通常有其他名稱。至於不以果實而以穀薯或糖蜜製酒,距離白蘭地就更遠了。

印度曾是英國屬地,白蘭地與威士忌飲用文化,深植日常生活。但是除了進口產品外,當地缺乏製酒用葡萄,因此生產商通常摻糖製酒。從技術層面來說,這些產品更接近蘭姆酒,但經過調味、調色後,

葡萄牙文 Aguardente 意為烈酒,Aguardente de uva 是葡萄烈酒,屬於白蘭地;但是 Aguardente de cana 是甘蔗烈酒,不算白蘭地。印度的 Cashew Apple Brandy,看來是「腰果蘋果白蘭地」,然而是取用腰果製酒,而不是蘋果。

卻被當成白蘭地或威士忌出售。由於積習
已久,以至於市場對這類假裝是白蘭地的
烈酒,接受度也相當高。馬來西亞與菲律
賓,也常見這類「假裝是白蘭地」的產品。

　　非白蘭地的各式酒種,當然不在這本
《世界白蘭地》專書的寫作範圍內,但是
釐清什麼是白蘭地,什麼不是白蘭地,
可以幫助掌握世界白蘭地版圖概念。除了
「假裝是白蘭地,但卻不是」之外,可能
產生誤會的情況,可以概分為四個項目討論:

牛刀小試!
這兩瓶烈酒(Eau-de-
vie),一個是野生覆盆子
(Framboise sauvage),
另一個是威廉斯梨(Poire
Williams)。你可以從酒標
分辨,哪一瓶是白蘭地,哪
一瓶是以水果浸漬並蒸餾的
烈酒嗎?

(一)水果烈酒不見得是白蘭地

　　用水果做的,不見得就是白蘭地。製酒水果必須經過發酵,所以
水果烈酒不見得是白蘭地。未完全發酵的水果浸泡酒精萃取,然後蒸
餾而得,也不算嚴格意義上的白蘭地。

　　某些莓果類的水果由於含糖量太低,以至於難以藉由壓汁發酵方
式取得蒸餾用的酒汁。這類水果在未完全發酵的情況下,以 96% 高
濃度食用酒精浸泡數週萃取風味,再加以蒸餾。通常取酒濃度必須
稍低,不超過 86%,否則無法順利收進從莓果萃取出來的芬芳物質。
烈酒經過稀釋之後裝瓶,濃度不能低於 37.5%。

　　由於不經發酵,通常可以忠實呈現原始果味,然而正是由於不經
發酵,所以風味層次相對簡單。法規要求這類烈酒必須明確標示「浸
漬並蒸餾」,有別於真正的水果白蘭地,酒標上會出現「以水果浸漬
並蒸餾的烈酒」(Spirit obtained by maceration and distillation, Eau-de-
vie obtenue par macération et distillation)。

　　德語系國家的 Geist,字面意思是靈魂,在這裡指烈酒,以花草
蔬果浸漬並蒸餾而成,通常包括各式莓果、香蕉、百香果、李子、柑
橘、堅果、香草植物、花瓣等,並且會在標示上出現,譬如搭配覆盆
子,就會寫成 Himbeergeist,意為覆盆子烈酒。當符合生產法規要求

歐洲流行家庭手作水果酒,
市面上也有販售「水果浸漬
專用基酒」,其實是一般食
用酒精。縱使酒標上出現水
果圖案,也別誤會了!不論
是用水果、穀物還是其他原
料,不符合白蘭地生產法規
要求,就不能稱為白蘭地。

覆盆子烈酒風味標誌獨特，經常有玫瑰花香與青綠氣息，由於覆盆子含糖量低，通常必須經過酒精浸泡與蒸餾製程，所以覆盆子烈酒經常不是真正的白蘭地。德國覆盆子烈酒與黑刺李烈酒（Schlehengeist），都屬於這類實例。德國還有一類稱為 Schnaps 的烈酒，定義尤其寬廣，穀物或水果製酒不拘，可以是水果或果渣，而且允許調味，因此不見得是嚴格意義上的水果白蘭地。

匈牙利各式水果烈酒

匈牙利巴林卡（Pálinka），由於生產製程不允許添糖，也不允許添加食用酒精，或以色素調色，凡是不符規範的烈酒產品，只能以「蒸餾烈酒」（Párlat）的名義裝瓶，或者標示「烈酒飲品」（Szesz ital）。你能在四瓶有水果圖樣的匈牙利產品當中，分辨出哪一瓶是嚴格意義上的白蘭地嗎？

時，可以標示原產地，譬如「德國黑森林覆盆子烈酒」（Schwarzwälder Himbeergeist），縱使這類裝瓶很像是水果白蘭地，然而卻不算是白蘭地。

　　另一種情況是使用葡萄製酒的伏特加，不能算是葡萄白蘭地。伏

特加製酒原料，取決於當地農產品，除了穀薯雜糧、甘蔗甜菜，也可以用葡萄製酒。但由於伏特加通常必須透過蒸餾製程，削減原物料的發酵風味，蒸餾濃度也較高，因此，採用葡萄製成的伏特加，不論從個性表現或法規定義來看，都不能視為葡萄白蘭地。水果調味伏特加，當然也不算是白蘭地。

最後再舉蘋果調味琴酒（Apple Gin）為例。由於使用包括杜松子、香草、薑、檸檬、茴香、玫瑰、肉桂在內的各式辛香料，浸泡、萃取與蒸餾製酒，因此，雖然主要成分是經過完整發酵與蒸餾的蘋果，最終成品依然不能算是白蘭地。這類產品生產製程，通常會透過不同配方比例、浸泡萃取與蒸餾程序，來創造產品特色與風味效果，這很接近琴酒生產商的思維邏輯，距離白蘭地比較遠。

Cîroc 伏特加的製酒原料，是來自法國干邑白蘭地產區的葡萄，在伏特加領域裡獨樹一格，但由於製程的緣故，不能算是葡萄酒餾烈酒或白蘭地。

（二）水果香甜酒，不是白蘭地

水果香甜酒與超甜型水果香甜酒，雖然都使用水果製酒，但都不屬於白蘭地。香甜酒稱為 liqueur，有時也音譯為利口酒。這是以食用烈酒為基底，經過水果植蔬調味並添糖製成的烈酒，酒精濃度至少 15%。水果香甜酒的原文是 fruit liqueur，這類產品可能以白蘭地命名，但本質上仍屬香甜酒，譬如蜜棗白蘭地、橘子白蘭地、杏桃白蘭地、櫻桃白蘭地，其實都不是白蘭地。甚至，黑醋栗香甜酒的原文 solbaerrom，意為「黑醋栗蘭姆酒」，也不是蘭姆酒。許多東歐傳統的 Schnapps 也屬於香甜酒，譬如裸麥烈酒浸泡沙棘並摻糖的 Astelpajunaps。由此可見，水果香甜酒的命名頗為自由，如今法規也都允許保留這些稱呼，只不過要在酒標上附註香甜酒一詞，避免誤導消費者。各國語言的香甜酒標示字樣，包括：liqueur（英、法）、liquore（義）、

酒瓶上出現「Cherry Brandy」字樣，可能是真正的櫻桃白蘭地，也可能是櫻桃香甜酒。你分得出來嗎？真正的櫻桃白蘭地會有「eau-de-vie」或「Kirsch」等字樣，出現「liqueur」就是香甜酒。

likör、likööri、bebida licorosa（西）等。

櫻桃香甜酒（Cherry Brandy）的含糖量，每公升至少 70 克，但還不是最甜的。大多數的水果香甜酒，包括黑醋栗、紅醋栗、覆盆子、小紅莓、桑椹、柑橘、鳳梨等，每公升含糖量至少 100 克。這類產品，包括芬蘭莓果香甜酒（Suomalainen Marjalikööri）、芬蘭水果香甜酒（Suomalainen Hedelmälikööri）、奧地利瓦郝杏桃香甜酒（Wachauer Marillenlikör）、波蘭櫻桃酒（Polish Cherry）、希臘科孚島金桔酒（Κουμκουάτ Κέρκυρας）、葡萄牙馬德拉的檸檬潘趣（Poncha da Madeira）。

如果香甜酒含糖量特高，每公升超過 250 克，就不稱為 liqueur，而改稱 crème de...，可以理解為「超甜型香甜酒」。法語 Crème 一詞意為「鮮奶油」，在此並非意指含有乳製品，而是作為濃甜稠密口感的寫照。法國黑醋栗超甜型香甜酒，甜度更高，每公升含糖量超過 400 公克，酒精濃度至少 15%，布根地與第戎的版本（Crème de cassis de Bourgogne, Crème de cassis de Dijon）都很知名。

發源於法國羅亞爾河下游安茹一帶的櫻桃香甜酒 Guignolet，名稱來自製酒的櫻桃品種 Guigne，有時也會混用野櫻桃或馬拉斯奇諾

除了很常見的黑醋栗超甜型香甜酒之外，其他包括野櫻桃、桑椹、藍莓、覆盆子、水蜜桃等版本，也都不能算是白蘭地。

櫻桃。如今，法國東部的布根地、東北孚日山脈與阿爾薩斯一帶、西北的布列塔尼、西南的佩里戈，東南的隆河谷地，北鄰的比利時境內也都有生產。傳統以高濃度食用酒精浸漬帶核櫻桃約兩個月，取出過濾並添糖，最終成品濃度介於 15-18%，果味豐沛，酸甜風味均衡。

馬拉斯奇諾櫻桃酒，可以拼寫為 Maraschino、Marrasquino 或 Maraskino，這是無色的櫻桃蒸餾烈酒，名稱來自於製酒櫻桃品種，由於添糖而成為香甜酒，不屬於白蘭地。這類櫻桃烈酒的製程多樣，包括櫻桃製酒蒸餾，或用酒精浸泡萃取再蒸餾。酒精濃度至少 24%，一般市售產品約為 32%。帶核蒸餾會賦予烘烤杏仁香氣，符合法規要求時可以標示原產地名稱，譬如克羅埃西亞的札達爾版本（Zadarski maraschino）。

一杯酒到底是香甜酒還是白蘭地？一個簡單的心法：凡是嘗起來奇甜，摸起來黏膩，就不會是現代定義下的白蘭地。

（三）含有白蘭地，不算是白蘭地

有些酒種以白蘭地為基礎，添加個性鮮明的辛香與風味原料，由於經過再製，因此不算是白蘭地。譬如以干邑白蘭地為基礎的 Grand Marnier 香橙調味香甜酒，保加利亞拉基亞為基礎，摻蜂蜜製成的 Medovina 與 Medena 蜂蜜香甜酒，或者拉基亞添加茴香製成 Mastika，諾曼第鮮奶油與卡爾瓦多斯調配的鮮奶油香甜酒 Crème de Calvados（名稱裡 crème 是鮮奶油的意思），乃至以各種白蘭地為基酒再製的香甜酒，都不算是白蘭地。

白蘭地摻了果汁，也不再是白蘭地。諾曼第波莫（Pommeau de

保加利亞拉基亞以當地聞名的玫瑰調味增香，雖然看起來是白蘭地，但已經不是經典類型。藍李白蘭地混摻40%的玉米烈酒，以酒精濃度30%裝瓶，也不再是白蘭地。匈牙利蜜李烈酒摻蜂蜜就不再是白蘭地，也不能標示巴林卡（Pálinka），只能標為「烈酒」（Párlat）。

Normandie）是經典開胃酒，使用當地鮮榨蘋果汁，以 3 比 1 比例與蘋果蒸餾烈酒混合調配，經過至少 14 週的桶陳培養，最後裝瓶濃度介於 16-18%。年輕裝瓶果味澎湃，甜味鮮明卻有節制，酸度輕盈明亮，酒感平衡極佳。若是延長桶陳培養，會發展出堅果與乾果等氧化風味層次，但不會標示年數。類似的產品還有夏朗德彼諾（Pineau des Charentes），混合未發酵新鮮葡萄汁與干邑白蘭地；香檳哈塔菲亞（Ratafia de Champagne）則是當地葡萄酒餾白蘭地混摻鮮榨葡萄汁。這類白蘭地混果汁的產品，都不再是白蘭地。至於西班牙的 Ratafia catalana，雖然也以 ratafia 命名，但卻是辛香草葉調味的核桃香甜酒，距離又更遠了一些。

　　另外，盛行於黎巴嫩、敘利亞、約旦與以色列的阿洛克（Arak）茴香烈酒，雖然以葡萄酒餾白蘭地為基底，但並不屬於白蘭地。土耳其與巴爾幹半島特產的拉基（Raki）茴香烈酒亦然，縱使採用葡萄渣餾，或混摻葡萄發酵並蒸餾製酒，但經過八角、茴香籽等辛香料再次

掺了葡萄汁的葡萄白蘭地，以及掺了蘋果汁的蘋果白蘭地，都不再算是白蘭地。

蒸餾賦味，就成了茴香烈酒。希臘的烏佐
（Ouzo）茴香烈酒，傳統是以葡萄烈酒浸
泡茴香萃取然後蒸餾，現今漸以穀物烈酒
為基底，因此與白蘭地的關係又更遠了。

（四）可以是白蘭地，也可以不是白 蘭地

斯洛伐克的巴林卡（Pálenka）一詞，
指稱所有蒸餾烈酒，包括伏特加、琴酒等。雖然這個字特別容易讓人
聯想到水果蒸餾烈酒，但並不等同水果烈酒，更不是白蘭地的同義
詞。換句話說，斯洛伐克的巴林卡，就是酒，可以是白蘭地，也可以
不是白蘭地。

斯洛伐克傳統的巴林卡包括：蜜李烈酒（slivovica）、穀物烈酒
（ražovica）、杜松子烈酒（borovicka）、梨子烈酒（hruškovica）、
蘋果烈酒（jablkovica）、櫻桃烈酒（cerešnovica）、杏桃烈酒
（marhulovica）。其他多種木莓、莓果也可以蒸餾製酒，包括覆盆子、
藍莓，以及我們比較不熟悉的越橘、玫瑰果與歐亞山茱萸，也都可以
是斯洛伐克巴林卡的製酒原料。

Metaxa 是採用希臘白蘭地
作為基底，添加葡萄酒與辛
香草植物調味的烈酒，不
是真正的白蘭地。

土耳其的拉基（Raki）以及
法國的梨子烈酒混摻蘭姆
酒，都不屬於白蘭地。別因
為包裝出現葡萄或者寫上水
果名稱，就以為必然是白蘭
地。

世界白蘭地體系概念聯想圖譜

　　歡迎來到白蘭地星系，這裡有三大行星，分別是「葡萄酒蒸餾星」、「葡萄渣蒸餾星」與「非葡萄水果蒸餾星」，這三個行星各自有衛星環繞著。介於葡萄酒餾與渣餾之間，有一圈「葡萄果餾與混餾小行星帶」，既不屬於酒餾，也不屬於渣餾，但卻都用葡萄作為蒸餾原料。我們星系裡的稀客，是葡萄乾白蘭地，它是難得一見的彗星。

　　我們的鄰近星系，住著一群跟我們很像的人，他們也是用水果做成的，但不屬於白蘭地。銀河是我們水果酒跟其他非水果酒的邊界。在這個宇宙裡，那些不是用水果製酒的，就只能隔著銀河，跟我們遙遠相望。

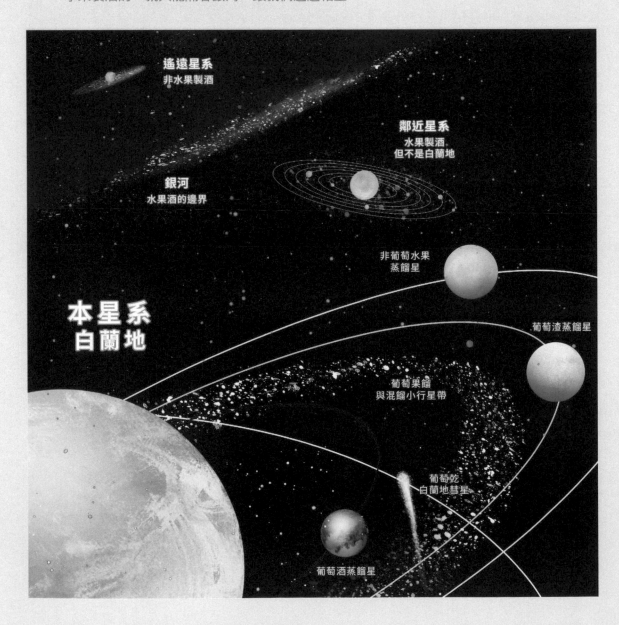

Part 2

白蘭地原料
白蘭地製程

FROM FRUIT TO BRANDY

講完了「哪些不是白蘭地？」現在，我們暫時還沒有要介紹不同的白蘭地酒款，而是先從各式白蘭地製酒水果的品種、種植，以及針對蒸餾之後可能需要用來培養烈酒的木桶開始解說，並幫助你很快掌握主要的蒸餾設備與程序，以及調配與裝瓶的必備常識。因為，從原料與製程的角度，你將可以完整掌握「哪些才是白蘭地」。

我們也將一起走進不同類型白蘭地的蒸餾廠裡，近觀四大類型白蘭地的製程細節，包括葡萄酒餾、葡萄渣餾、水果酒餾、水果果餾。

溫馨提示：葡萄果餾白蘭地的位置比較特別，關於原料的論述，與葡萄放在一起（參閱2-1）；關於製程的論述，與水果放在一起（參閱3-4）。

CHAPTER 2

白蘭地的誕生：
從果園到裝瓶

Elements of quality:
from planting to
bottling

2-1 走進一座果園：從種植到採收

在這一節裡，我要帶你探訪白蘭地製酒水果的誕生地，從品種、種植到採收各個環節，分別認識葡萄製酒與非葡萄水果製酒的品質根源。

走進葡萄園

由於歷史傳統、經濟文化等因素，並非所有種植葡萄的地方，都生產葡萄酒或白蘭地。況且，有些葡萄只供直接食用、生產果乾或果汁，而非製酒。再說，不一定要先有葡萄酒，才能生產白蘭地。以葡萄作為原料的白蘭地，可以概分為「葡萄酒餾」、「葡萄渣餾」與整粒葡萄發酵與蒸餾的「葡萄果餾」三大型態。由於葡萄品種風味潛力不同，只要是用葡萄製酒，必然講究品種。現在，讓我們走進一座葡萄園，從製酒用葡萄品種談起。

蒸餾用葡萄品種的多樣選擇：
芳香與否，都能做酒！

蒸餾用的葡萄品種，與釀造直飲型葡萄酒的品種，兩者之間沒有本質差異。有些酒餾白蘭地，偏好使用芳香型品種，有些則使用風味中性的品種，有時也兼採不同性質的葡萄品種製酒。不同酒種類型，搭配不同個性品種，既是自然環境與人文歷史交織的結果，也是不同審美品味與品質邏輯的產物。

芳香型葡萄品種蜜思加，既是食用葡萄，也可用來製酒。它是製酒業的寵兒，從智利酒餾白蘭地到美國渣餾白蘭地，都可以看到它的身影。蜜思加的品種風味，通常能夠通過蒸餾程序，被保留到最終的烈酒裡。

保加利亞拉基亞使用多種葡萄製酒，蜜思加（Muscat）、保加利亞蜜思加（Vrachanski Misket）與保加利亞紅蜜思加（Karlovski Misket），都屬於芳香型葡萄，常有玫瑰香氣。智利皮斯科也廣泛使用蜜思加製酒，通常帶有玫瑰、橙花、茉莉花香，檸檬、蜜桃、青蘋與葡萄柚果香，與接近丁香的辛香氣息。

祕魯皮斯科則使用托隆泰（Torontel）、意大利亞、阿爾比亞（Albilla）與蜜思加（Moscatel）等芳香品種，賦予檸檬、柳橙、萊姆等柑橘果香，橙花、茉莉花香，以及繁複的白葡萄乾、芒果、鳳梨、蜜桃、堅果、香草、丁香氣息，甚至會讓人聯想到肉桂。德國的白蘭地生產者也經常使用芳香型的麗絲玲（Riesling）品種製酒。

大多數的匈牙利巴林卡，是使用非葡萄水果作為原料的白蘭地，但也可以使用葡萄製酒，生產葡萄果餾或葡萄渣餾巴林卡。酒標上可以標示品種名稱，常見的芳香型葡萄包括由 Csabagyöngye 與 Pozsonyi Fehér 育種而來的伊爾塞—奧利維（Irsai Olivér），通常會出現橙花與鳳梨糖般的皂味。伊爾塞—奧利維與格烏茲塔明那育種而來的切爾塞格—弗塞雷許（Cserszegi Fűszeres），則帶有鮮明的花果香氣與辛香，品種名稱裡的 Cserszegi 源自產地切爾塞格托毛伊（Cserszegtomaj），Fűszeres 則是辛香的意思。Sárgamuskotály 意為「黃色蜜思加」，也屬於芳香品種，通常帶有棉花糖香氣。有時候，酒標會出現「illatos szőlő」的字樣，意思是「芳香型葡萄品種」，但不見得會標示品種名稱。

相對來說，法國干邑、雅馬邑，以及義大利、澳洲、西班牙赫雷茲白

蘭地使用的製酒品種，屬於中性葡萄。干邑的白于尼、雅馬邑的聖艾米利翁（Saint-Émilion）、義大利的特雷比亞諾（Trebbiano），本質上都是同一個白葡萄品種，只不過不同地方，有不同名字。澳洲白蘭地業界使用的多拉迪洛（Doradillo）、蘇丹納（Sultana）、佩德羅·希梅內斯（Pedro Ximénez）與帕羅米諾，也都屬於中性葡萄品種，西班牙赫雷茲白蘭地早期普遍使用帕羅米諾製酒，但是如今多採用艾連（Airén），也屬於中性葡萄品種。

如今，使用中性葡萄品種製酒的生產者相信，若使用芬芳品種，蒸餾程序會讓香氣過於濃縮，不利創造均衡協調的風味架構。然而，使用芳香品種製酒的生產者，對這個說法只會頻頻皺眉。確實，中性葡萄經過蒸餾濃縮，依然展現細緻的整體平衡，不會過於芬芳。然而，既然使用芬芳型品種製酒也可以非常成功，特定產區使用中性品種製酒的傳統，其實另有原因。以干邑來說，可以從葡萄根瘤蚜蟲肆虐的這段歷史得到部分解釋。

葡萄根瘤蚜蟲肆虐後，歐洲藉由接枝手段，搭配適合的品種復育葡萄園。所謂適合，是經過接枝仍能維持健康，便於管理，並有經濟

經過葡萄根瘤蚜蟲災難之後，原根種植風險太大，歐洲葡萄園成了一座復健療養院，葡萄樹苗都接上「義肢」。以美洲葡萄樹種作為砧木，替歐洲葡萄樹接枝之後，可以避免根瘤蚜蟲啃嚙，現已成為歐洲葡萄種植常態。

白福樂（Folle blanche）品種在干邑尚未絕跡，能夠取得這個品種製酒的生產商，當然會將之獨立製酒培養，期盼有朝一日能夠用來調配，甚至獨立裝瓶。圖為Tesseron 酒廠的酒庫。

價值。法國干邑原本主要種植白福樂與可倫巴這兩個白葡萄品種，但由於接枝之後容易生病，最終改以風味較為中性，但更適合接枝種植的白于尼為主導品種。雅馬邑葡萄種植區，也以白于尼復育葡萄園，後來發展出以白福樂與美國葡萄品種諾亞（Noah）配種而來的巴可（Baco）品種，特別能夠適應下雅馬邑的砂礫土質，如今是雅馬邑的重要品種之一。白福樂與可倫巴，已經相當少見，但都並未在干邑與雅馬邑絕跡。

相對中性的葡萄品種，其實也都有足以辨認的風味特徵，普遍有花果香、白葡萄汁、杏仁與白麵包般的香氣。白于尼的青蘋果、柑橘、金合歡花香特別顯著，偶有葡萄花氣息。白福樂花香鮮明，可倫巴則散發辛香。若在最終的干邑白蘭地裝瓶裡，還能察覺這些氣味，通常可以作為品種判斷指標。

被認為是世界葡萄發源地的高加索一帶，如今依然有葡萄製酒傳統。亞美尼亞白蘭地使用十餘種當地原生葡萄品種製酒，包括白葡萄品種慕斯卡里（Mskhali）、加朗瑪克（Garan Dmak，當地語言意為胖尾巴）、坎昆（Kangun），另外也有芳香型葡萄品種沃斯奇亞（Voskehat）。來自喬治亞的原生品種勒卡濟苔利（Rkatsiteli，意為紅芽苞），如今也在亞美尼亞種植。喬治亞白蘭地的製酒白葡

葡萄渣餾白蘭地使用的葡萄品種，在傳統上必然是當地葡萄酒釀造業使用的品種。然而，隨著交通發達，使用鄰近產區的葡萄渣也不無可能。如今，不少品種已經廣泛種植，成為所謂的國際品種，包括夏多內與黑皮諾，義大利格拉帕也可以使用這些品種的葡萄渣製酒。

夏多內（Chardonnay）

斯奇亞瓦（Schiava）

塔明那（Traminer）

黑皮諾（Pinot Nero）

蜜思加（Moscato）

白曼佐尼（Manzoni Bianco）

萄，還有濟茨卡（Tsitska）、佐力庫
里（Tsolikouri）與奇努里（Chinuri），
也都屬於風味中性、酸度豐沛的製酒
葡萄品種。

為何種葡萄，卻稱為森林區？

　　干邑白蘭地葡萄種植區，已經有
1900 年的歷史。在英法百年戰爭期間
（1337-1453），葡萄種植面積縮減，人們改種穀物作為糧食，
或者植林造船。有些地方因此被稱為「林區」，干邑白蘭地產
區裡的優質林區（Fins Bois）、良質林區（Bon Bois）與一般
林區（Bois Ordinaires）等劃分，就是這段歷史遺跡。

　　至於干邑的香檳區（Champagne）則來自拉丁文的
campania 這個字，原意是石灰平原。義大利的坎佩尼亞平原以
及法國香檳產區名稱，也都源自這個字。干邑白蘭地的大香檳
區比小香檳區小，小香檳區比大香檳區大，這是因為大小，本
指石灰質含量多寡，而不是面積大小。土質差異也影響了大小
香檳區收成葡萄製酒的風味潛力，一般來說，大香檳區特別芬芳，小
香檳區則有更多果味潛力。

歐洲原生葡萄樹對石灰質不
太敏感，但是接枝之後，某
些砧木與品種搭配，卻會
造成「萎黃」症狀。這是由
於活性鈣導致葡萄樹缺鐵發
病，營養器官受損，阻礙光
合作用。干邑大香檳區的土
質富含石灰，有時會藉由園
區植草，避免石塊暴露或者
遭到輾壓破碎，預防釋出過
量活性鈣。

葡萄原產地風格標誌：以法國西海岸為例

　　葡萄酒是以葡萄釀造，不經蒸餾的直飲發酵酒，能夠保留最多
的原產地風格標誌，在葡萄酒餾烈酒裡，原產地風格標誌相對模糊，
但在某些例子上，原產地風土人文特徵，依然構成足以識別的感官特
徵。

　　法國西海岸的葡萄種植區，北從羅亞爾河流域開始，往南經過干
邑、波爾多，直到雅馬邑，由於原本沉在海底，底岩屬於沉積石灰，
經過地殼變動，石灰岩層浮出水面，產生斷層與河流之後，經過不同

程度的風化，逐漸衍生出粒徑、性質與配比不同的各式黏土。河流上游也帶來各式砂礫或泥沙，沉積在中下游，形成法國西海岸複雜的表層土壤結構。這些土質因素，與其他自然人文因素互動，逐漸交織、衍生出足以辨認的感官特徵，形成產地風格標誌。其中最為人津津樂道的，是干邑白蘭地。

　　干邑大小香檳區，皆以石灰質主導，但是製酒品質卻有足以辨認的差異。大香檳區緩坡遍佈，石灰質地鬆散易碎，小香檳區地勢更為平坦，石灰質結構緊密。雖然小香檳區也有部分園區的土質結構與化學組成接近大香檳區，甚至製酒的感官特徵也非常接近，但是普遍來說，小香檳區較為緊密的石灰土質結構，賦予更多果味，在花果風味比例表現上與大香檳區不同。邊界區的環境更為溫暖，土壤的黏土成分比例更高，葡萄也特別早熟。經過製酒工藝程序後，這些特質以風味的形式被放大呈現。桶陳培養過程中，也可以發現邊界區的烈酒，能夠更快進入熟成。

干邑各葡萄種植區的土質結構分布

	大小香檳區	邊界區	優質林區	良質林區	一般林區
石灰	+				
稍微風化的石灰混黏土		+	+		
棕紅石灰—黏土混礫石			+		
黏土比例極高的低地黏土				+	
碳酸分解石灰形成矽質黏土		+	+	+	
來自中央山地的砂質					+

葡萄從哪兒來？不是每種白蘭地都反映葡萄原產地

(1) 必須來自同名種植區的葡萄製酒，甚至嚴密劃分不同的種植區

法國干邑與雅馬邑必須使用規範種植區域內的葡萄製酒，在世界白蘭地的領域裡，屬於較嚴格的生產規範。美國加州的白蘭地，也必須使用來自州界之內的葡萄製酒，但由於加州葡萄種植區面積廣褒，與干邑、雅馬邑相較下，意義不同。

(2) 不必來自同名種植區，但通常使用本國葡萄

西班牙赫雷茲白蘭地，以往多半使用產區內的收成製酒，如今，區內絕大多數葡萄都用於生產雪莉酒。赫雷茲白蘭地允許使用其他產區葡萄製酒，並已成常態。義大利、澳洲等國，對於生產白蘭地的葡萄來源也沒有特殊規範，只規定使用本國葡萄製酒。

(3) 通常使用或摻用進口葡萄製酒

德國製酒葡萄幾乎全部用於釀造直飲型葡萄酒，德國白蘭地生產法規，在葡萄產地方面的規範相對寬鬆，生產商通常從法國、義大利進口葡萄酒，蒸餾加工製成白蘭地。台灣白蘭地產業亦然，當製酒葡萄短缺時，也會使用進口葡萄酒作為蒸餾原料，庫存充足時甚至會暫停生產。

偏偏就要酸葡萄，機器採收特別好

當今葡萄採收會刻意稍微提早，以便保留充足酸度。蒸餾用的葡萄酒，酸度稍高可以讓酒汁在進入蒸餾前，憑藉固有的酸度保鮮。採收季來臨，葡萄熟度不斷改變，為了爭取時效，機器採收成了完美方案。

現代機器採收品質，已經到達令人滿意的程度。大多數直飲型葡萄酒生產商，都可以用機器採收，生產蒸餾用葡萄酒更不在話下。機器採收已是干邑的常態，這並不是為了偷懶，而是為了方便計畫時程。機器採收相對廉宜，但是便宜不等於比較差。而且，在採收之前還必須整理葡萄園，避免品質未達標準的果串，屆時一併混入收成。

走進果園：從景觀環境到野生水果製酒

現在，我們要到葡萄園以外的果園看一看，包括蘋果、梨子、杏桃、蜜李、榲桲等。我們先聚焦法國諾曼第卡爾瓦多斯產區，這裡是全球最大的製酒用蘋果與梨子種植區。

高低疏落有致的諾曼第果園

走進果園，就像走進葡萄園，一雙經過訓練的眼睛，可以看到不少有趣的細節。看門道，而不只是湊熱鬧，首先要從果樹外觀開始看。梨子樹扎根較深，所以通常特別高聳、枝條錯綜；蘋果樹則相對矮小。棟夫龍（Domfront）一帶，有許多樹齡逾百、高聳碩大的梨子樹。

梨子樹原本就比較高大，老梨子樹的身段更是遠高於蘋果樹。

半個世紀前，諾曼第果樹普遍採取高枝剪（haute tige），果樹間距較寬，主幹高度超過 1 米 6，牧草地間雜其中，牛群羊隻散布。既可以採果製酒，也可以兼營畜牧，一塊農地多重利用。牛會吃蘋果，所以必須採取高枝剪，結出的蘋果會掛在牛碰不到的高度，而且牛會磨蹭樹幹，所以果樹要加裝筒狀防護柵欄。

如今製酒產業工業化，再加上推行密集農業，果園多半採取低枝剪（basse tige），單位面積產量更大，於是景觀逐漸改由明顯低矮許多的果樹叢聚在一起。專供製酒用的契約果園裡也有草地，但卻不放

高枝剪的果園景觀。

牛吃草，而是用割草機維護。蘋果成熟掉落時，樹下的草地可以提供
緩衝。

　　專業果園每公頃有 550 到 800 棵果樹，開闢之後只需 8 年就可
以投入生產，每 30 至 35 年重種一次，每公頃產量最多 40 公噸。整
體來說，專業果園收益更好，而且樹株低矮，更能抵禦暴風雨侵襲。
但缺點是抗蟲與抗病能力較弱，通常必須用藥。反觀傳統的非專業
果園，每公頃 100 棵果樹，樹齡約莫 18 年投產，每 70 年重新栽植，
每公頃最高產量只有 20 噸，這也是傳統果園通常必須養牛養羊，兼
營畜牧的原因。

　　縱使傳統果園較不符合經濟效益，大廠商也不見得會向小農採購
蘋果，然而小規模傳統生產者依然存在，傳統果園風貌也因此被部分
保留下來。果園今昔風貌並存，樹株高矮疏落有致，這也是諾曼第卡
爾瓦多斯產區的特色。

適合的土質結構，相應的果酒生產

低枝剪的果園景觀。

　　對於水果或果酒蒸餾業來說，園區
土質的主要意義在於種植條件，間接決
定適合的水果與製酒種類，而不見得是
製酒風味的細微差異。

　　諾曼第的奧日產區（Pays d'Auge），
土質結構以多樣黏土主導，包括黏土混
燧石、黏土混白堊土、黏土混石灰岩，
另外還有些地方散布泥沙，有利蘋果樹

杏桃種植在砂質或黏土主導
的園區，製成烈酒之後，不
見得可以嘗出源自土質的感
官差異。但是種植環境確實
會影響品質，只不過目前尚
未解開其中蘊藏的奧祕。

的淺根系發展。至於棟夫龍產區，表土以黏土與頁岩主導，底層則是
花崗岩，較不適合蘋果樹生長需求，但卻可以滿足梨子樹的根系發
展，也因此混用較多梨子製酒。

　　匈牙利境內各地土壤結構不同，東北隅的根茨（Gönc）以富含
礦物質的紅色黏土主導；往西南行，亞斯貝雷尼（Jászberény）一帶
則屬砂質土壤，繼續往西南，凱奇凱梅特（Kecskemét）一帶屬於風
化黏土混合礫石與砂質，砂質排水性極佳；南部的哈爾茨（Harc）則
是質地細膩的沉積黃土（lœss）。根據目前研究，天候對產果品質的
影響，更勝於土壤性質。匈牙利巴林卡首要製酒水果杏桃，需要大量
日照與充足降雨。缺水，只能望天興嘆，因為普遍缺乏大規模灌溉系
統。因此，杏桃反而比較不適合種在相對乾旱缺水的南方，反而適合
種植在相對涼冷，但是降雨充足的北方。

　　根據長期觀察，根茨杏桃巴林卡風味更加飽滿深沉；凱奇凱梅特
杏桃巴林卡，則普遍輕盈芬芳。然而，目前暫時無法透過實驗室分析
數據，判斷原產地與感官特徵的關聯性。此外，由於品種混用與生產
製程因素難以掌握，這個議題目前難以研究透徹。

　　對於干邑與雅馬邑葡萄製酒來說，種植區會造成品質與風味差
異，但是對於諾曼第卡爾瓦多斯與匈牙利巴林卡而言，兩者關係卻隱
晦許多。在水果種植與園區土質的議題上，葡萄與非葡萄，兩者情況
大不相同。

Noël des Champs

Clos Renaux

Joly Rouge

苦甜型品種Noël des Champs，相當晚熟，在其他果樹都已經沒有水果掛在樹上時，這個品種才開始進入熟成。甜型品種 Clos Renaux 屬於中等晚熟品種，同屬甜型的 Joly Rouge 則較早熟。

蘋果梨子一家親

　　即使從很多角度來看，蘋果與梨子頗能相提並論，但終究不是一樣的東西，甚至不能說是相近。然而在白蘭地領域裡，卻由於諾曼第卡爾瓦多斯可以混合兩者製酒，蘋果與梨子擺在一起顯得特別親切，毫無違和。

　　法國諾曼第卡爾瓦多斯的製酒蘋果逾百種，一座果園通常會種植15-40 個品種。製酒用的芳香型小蘋果，外觀繽紛，果肉白皙，可以概分為「苦型」、「苦甜型」、「甜型」與「酸型」。根據生產法規，苦型與苦甜型品種使用比例必須超過 70%；酸型品種屬於輔助功能，不能超過 10%，也稱為 pomme à couteau，意思是可以直接用刀削來吃的蘋果，即一般食用蘋果（pomme de table）。

　　諾曼第以外的蘋果酒產地，包括英國、西班牙與日本，可能使用一般食用蘋果與梨子品種製酒，譬如英國的 Somerset Cider Brandy，以及西班牙北部阿斯圖里亞斯（Asturias）的 Aguardiente de Sidra。非製酒品種的風味潛力不如製酒品種，所以產品風味特徵較為模糊。匈牙利果餾巴林卡，使用包括金冠蘋果（Golden Delicious，也簡稱 Golden）與其他一系列混種的蘋果與梨子製酒，屬於一般食用品種。

每個品種外觀與製酒風味潛力不盡相同，同一株蘋果樹結出來的果實，尺寸大小、顏色外觀與風味也不見得一樣。

常見的金冠蘋果屬於一般食用品種，在匈牙利經常用來製酒。洋梨巴林卡也可以使用食用品種威廉斯梨（Williams），而不使用製酒品種洋梨，市面上經常可以購得這些食用品種的鮮果或果汁。

同樣以蘋果、梨子製酒，果餾與酒餾不一樣，相關章節還會再探討果餾白蘭地。

製酒用的洋梨風味多酸而口感銳利，與常見的威廉斯梨很不一樣。製酒用蘋果雖然不算是適合直接食用的品種，但是果汁卻可以與卡爾瓦多斯調配，得到很受歡迎的調飲，稱為諾曼第波莫（Pommeau de Normandie），但這就不算是白蘭地了，而屬於白蘭地烈酒調飲或再製酒。

洋梨品種外觀不一，有圓有扁，有鐘型的，還有像馬鈴薯的。有些品種專供生產果汁、發酵製酒，有些則是蒸餾用品種，有些則身兼多重用途。

多采多姿的製酒水果：從蜜李到榲桲

如果要來個白蘭地製酒水果閱兵大典，重頭戲會是匈牙利果餾巴林卡以及保加利亞果餾拉基亞。如果要探討品種與製酒風味的關係，特別值得注意杏桃、蜜李、櫻桃與榲桲（讀音如溫博，英文作quince，也稱洋木瓜）。

以蜜李為例，匈牙利索特馬爾的蜜李巴林卡（Szatmári Szilvapálinka），採用品種包括 Penyigei、Besztercei 與 Nemtudom。最後一個品種名稱，匈牙利語是「我不知道」的意思。這些蜜李屬於藍皮黃肉的品種，果粒尺寸稍小，製酒帶有青綠氣息。貝凱希蜜李巴林卡（Békési Szilvapálinka）採用的品種尺寸稍大且果肉淡紅，

製酒口感更圓潤飽滿，沒有青綠氣味。其他常見品種還有 Presenta 與 Stanley，前者外型較小，製酒花香鮮明，後者呈現蛋形，尺寸較大，通常會製得帶有濃郁果仁與辛香氣息，甚至散發黑巧克力氣味的蜜李巴林卡。不同的品種也可以混用，譬如 Stanley 與 Lepotica 就適合搭配製酒。

 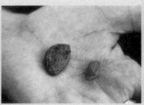  

蜜李比人還多的地方

　　蜜李是匈牙利常見的製酒水果，Erős 蒸餾廠使用不同蜜李品種製酒，並分別裝瓶。不同蜜李品種，風味潛力不同，單從果核尺寸外觀，就可以看出差異。業界最大的生產商 Bolyhos，一年可以處理 2000 公噸的各式水果，最大宗的是杏桃、黑色酸櫻桃與蜜李，此外也包括榲桲、葡萄等。規模之大，甚至需要武裝戒備。其所在村莊名為烏伊希爾瓦許（Újszilvás），字面意思是「新蜜李村」，村裡總計兩千棵蜜李樹，比村民還多！

　　榲桲巴林卡（Birspálinka）可以使用不同的榲桲製酒，所謂不同的榲桲，嚴格說起來，不太算是品種問題，而是親屬問題。匈牙利巴林卡產業經常區別「蘋果榲桲」（Birsalma）與「洋梨榲桲」（Birskörte）：前者外型圓扁，帶蘋果香；後者呈洋梨葫蘆狀，帶有梨香。果園裡同時種植榲桲、蘋果、洋梨，開花季節藉由昆蟲與風力自然交錯授粉，就會結成蘋果榲桲與洋梨榲桲。有時候，同一棵榲桲

標準榲桲　　蘋果榲桲與洋梨榲桲

樹的一面與另一面，會結出不同型態的榅桲，分別製酒有獨特風味，在產品上也可以特別標示。梨子榅桲比較難得，蘋果榅桲與一般榅桲則較常見。

水果採收、熟度要求與蟲害管理

不同蘋果品種的熟成步調與完熟時間不同，採收季節從 9 月底開始，一直持續到 12 月初。一座果園可以混合種植多達數十個不同的品種，藉此分散採收季節的勞力密集度。接近採收季時，第一批掉落地面的蘋果稱為「pommes poubelles」，意為「垃圾蘋果」，言下之意是不能用來製酒的蘋果，但如果願意的話，也可以拿來吃。

採收季到囉！蘋果紅了沒？

你知道嗎？蘋果不一定紅了才熟。不管是黃的、棕的，還是這條光譜之間的青綠、桃紅諸多色澤，乃至形狀、尺寸不一的蘋果，只要自然掉落地面，就是成熟的蘋果。傳統採收機械藉由搖晃與鎚擊，迫使成熟蘋果掉落，樹下草地提供緩衝，不讓蘋果直接撞擊地面。熟度尚未超過某個門檻的，就會暫時待在樹上繼續熟成。如今，專業果園多半機械化以減輕勞力負擔，譬如撿拾機可以迅速收集散在地面的蘋果，但是在製酒前，仍然要靠人工剔除壞掉的蘋果。

不同製程，不同要求

——以洋梨為例

法國諾曼第卡爾瓦多斯的洋梨製酒，與蘋果不同的是，洋梨果肉必須完熟變成棕色才易壓汁。直飲型洋梨酒與蒸餾用洋梨酒，對於品種與熟度要求也不一樣。此外，匈牙利洋梨果餾巴林卡採用果碎製酒，也就是果汁與果肉一起發酵，洋梨洗淨攪碎就可以製酒。不同於諾曼第的洋梨酒餾製程，匈牙利洋梨果餾不需壓汁，鮮度要求與食用標準相同，不夠新鮮、有傷口的洋梨都會被淘汰。

    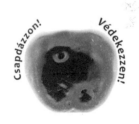

年份因素與生產節奏

收成年份與製酒品質的關係，並非單一標準，而取決於製酒水果與製酒類型。譬如匈牙利 2018 年的年份條件特殊，從 4 月開始一直到採收季都非常乾旱，加上花期寒冷，導致杏桃產量銳減 60%，雖然不見得影響製酒品質，但由於供需失衡，杏桃製酒成本飆升。相對來說，葡萄較為耐旱，2018 年的產量相對穩定，而且高糖度與成熟度，對於葡萄果餾製程而言，反而能夠得到風味更為濃郁集中的烈酒。

蟲蟲危機，危機重重！
只要是果園，就會有類似的問題要面對，蟲害是其中之一。蟲蟲危機可大可小，通常官方都會透過通報機制，監管全國果園健康狀況。圖為匈牙利國家食品安全管理局（NÉBIH, Nemzeti Élelmiszerlánc-biztonsági Hivatal）的果園蟲害宣導資料。

各式水果白蘭地擺出來，一應俱全，但是庫存充足不代表年年生產。廠商通常會根據市場供需與平均收成狀況，調整生產節奏。以義大利特倫提諾（Trentino）的Bruno Pilzer 蒸餾廠為例，梨子與杏桃烈酒（Acquavite di pere, Acquavite di albicocche）幾乎每年生產，蘋果烈酒（Acquavite di mele）則每2-3年生產一次。

類似情況如果發生在法國干邑，勢必會是個極具挑戰、左右為難的年份。因為干邑白蘭地採用酒餾製程，待餾葡萄酒必須具備充足酸度才能自然保鮮。乾旱炎熱的年份將導致缺酸，提早採收勢在必行，然而乾旱可能造成葡萄延遲熟成，如果熟成速度跟不上採收進程，最終將造成酒精總產量下降。

狂野一下吧！

　　自家蒸餾水果白蘭地是匈牙利的「全民運動」，採集野生果實製酒不但見怪不怪，就連大型生產商也會設法取得優質野果製酒。產品會加上 vad 的字樣，意思是「野生」。常見版本包括野櫻桃（Vadcseresznye）、野生洋梨（Vadkörte）、野生覆盆子（Vadmálna）與野生酸櫻桃（Vadmeggy）。

　　不同於農場種植的水果，野果風味變化幅度較大，譬如野生櫻桃果粒小、果籽大，製酒風味潛力明顯不同。以 Zimek 的櫻桃與野櫻桃巴林卡為例，櫻桃版本有濃郁集中的典型果香，帶有花香與棉花糖香，變化層次較少；野櫻桃版本香氣複雜，點綴含蓄的奶油香氣，櫻桃的風味輪廓較為模糊。相似的酒精勁道在櫻桃巴林卡相對簡單的風味背景下，顯得較為灼熱刺激；野櫻桃巴林卡風味架構堅實，收尾乾爽帶有堅果辛香，平衡了酒精觸感。

　　野生果實製酒與農場種植水果製酒，雖然成本不同，但不是品質好壞的問題，而是風格的問題。就像是家貓與野貓之間的差異，野生水果在大自然裡成長，任由環境形塑性格，充分展現與自然環境激盪出來的潛力，但是農場種植的水果，就像被馴化的家貓，孕育、形塑出來的風味個性，更接近人類期待，少了一些意外。

2-2 邊喝邊讀也能懂的蒸餾

　　本來這一節叫做〈五分鐘就能懂的蒸餾〉，似乎有點誇大。但是，我用簡單明瞭的敘述文字，可以幫你迅速明白蒸餾原理，並掌握基本術語。就算五分鐘讀不完，我相信你依然可以輕鬆閱讀，甚至邊喝邊讀也都能懂。

蒸餾體系與基本術語

白蘭地的蒸餾製酒程序

　　蒸餾烈酒是什麼？必須要先發酵得到酒精，才能透過加熱，藉由不同物質擁有不同沸點的此一性質，選擇並濃縮特定物質，得到烈酒。在蒸餾過程中，還會由於熱力促進化學作用，創造新風味。憑藉知識經驗與設備操作，選擇最適合當成烈酒飲用的部分，利用冷卻凝結的方式，將氣態的酒蒸氣轉成液態，得到冷凝液，這就是烈酒的蒸餾工藝。

　　水果酒裡所含酒精，是直接從果實糖分發酵而來。並非所有醣類都可以直接發酵，譬如麥芽裡的澱粉是不可發酵糖，必須先經過酵素分解，變成結構較簡單的可發酵糖才能進行發酵，產生酒精。因此，討論威士忌製酒，要討論麥芽澱粉的糖化，但是討論白蘭地，卻可以略過糖化。

　　不過，白蘭地製酒的學問與技術並未因此更簡單。白蘭地可以採用葡萄酒蒸餾、葡萄渣蒸餾、水果酒蒸餾以及水果直接發酵蒸餾，技術細節要求不盡相同，在第 3 章會分別詳述。這一節，我將解說蒸餾共通的原理，並帶你認識幾種不同形制的蒸餾設備，瞭解運作機制。在下一章讀到不同類型白蘭地蒸餾製程時，你會更容易進入狀況。

水火不容，但是蒸餾過程，水與火必須合作。蒸餾，靠火加熱，產生蒸氣，而後利用水與空氣冷凝，現代有些酒廠著手能源回收再利用，用來發電，作為冷卻用水降溫之用。圖為智利 Malpaso 蒸餾廠。

蒸餾的兩大體系：分批與連續

嚴格說來，蒸餾系統包括加熱、分離、冷卻、管路系統，但這是設備工程師的觀點。我們學習酒類品飲，可以根據蒸餾程序，將蒸餾系統分成兩大體系來理解：一是分批蒸餾，二是連續蒸餾。

所謂分批蒸餾，是每批投入的蒸餾原料在蒸餾完成之後排出，然後重新填料，再進入下一輪蒸餾程序。如果最後製成的烈酒只經過一次蒸餾，該製程就稱為分批單道蒸餾；如果經過第一道蒸餾濃縮之後，收集起來的冷凝液再次填入復蒸，就稱為分批兩道蒸餾。由於設備與技術發展，如今白蘭地的分批蒸餾設備，可以由不同形式的蒸餾器組成，包括傳統的壺式蒸餾器與柱式蒸餾器，以及許多介於兩者之間的設計。

連續蒸餾則可以不斷進料、蒸餾、冷凝、接酒，不間斷運作，通常搭配大型柱式蒸餾器，蒸氣與液體在蒸餾柱內部的層板之間，重複蒸發與冷凝的程序，層層上升。在某個經過計算的適當高度，讓冷凝液離開蒸餾柱，於是便得到烈酒。蒸餾柱愈高大、層板愈多，得到的烈酒風味也就愈純淨，酒精濃度也可以愈高。大型的連續蒸餾設備，如果要用來生產白蘭地，必須控制蒸餾濃度，因為濃度太高，風味就太過純淨。與傳統意義上的白蘭地風味特徵不符，相關生產法規也不允許。

為什麼蒸餾器用銅打造？

蒸餾器經常以銅製成，因為銅的導熱性與可塑性俱佳，後來人們發現，銅也能淨化風味。銅質蒸餾器容易耗損，但就算經常維護，長年使用終將耗損到必須淘汰的程度。

義大利的葡萄渣蒸餾器，豐富的特殊形制設計，反映了人們追尋最適操作與最佳風味效果的歷史軌跡。

必須知道的蒸餾術語名稱

從待餾原料看白蘭地類型

要投入蒸餾器的原料，稱為待餾原料，可以是葡萄酒或蘋果酒等水果酒，或經過發酵含酒精的果渣，稱為「full mash」，顧名思義就是「含酒有渣的完整果碎」。又或者是果酒與果碎混合物，甚至是葡萄酒渣或葡萄渣。不同的待餾原料，足以決定白蘭地的基本型態，包括葡萄酒蒸餾、葡萄渣蒸餾、葡萄果餾、葡萄酒渣蒸餾、非葡萄水果酒餾、非葡萄水果果餾與其他各式混餾白蘭地。

從冷凝液名稱來理解蒸餾

蒸餾所得到的冷凝液（distillates）可以分成三種類型：

1. 低度酒（le brouillis）：在分批兩道蒸餾系統中，從已經含有酒精的待餾原料中，濃縮萃取而來的冷凝液，酒精濃度最低只有10%，最高則可達32%，端視蒸餾系統設計而定。在兩道蒸餾製程中，這還不是所需的烈酒，而需再餾濃縮。

2. 在第二道蒸餾程序的濃縮過程中，不能當作烈酒產品的冷凝液，包括酒頭（les têtes）、酒次（les secondes）與酒尾（les queues）。這些不能進入最終產品的冷凝液，在不同蒸餾系統中，有

圖①為20世紀中葉，曾經連續使用25年而遭淘汰的巴林卡蒸餾器，可以看到這個蒸餾器有夾套設計。運作時，下方以直火加熱，夾套之間填水，彷彿隔水加熱鍋中的待餾原料。圖②的蒸餾器是19世紀上半葉，奧匈帝國時代的古董，生產商位於布達佩斯，頗能反映早期蒸餾器形制普遍較小的現象。圖③是早期的蘋果酒蒸餾器。

分批蒸餾的特性之一，就是要在不同的時間點分別處理不同區段的冷凝液。首先冷凝流出的區段，被稱為酒頭，接著是酒心與酒尾。圖為智利 Malpaso 蒸餾廠切取酒心與收集酒尾時，酒精濃度計的讀數特寫。

名字相近不算什麼，
不會混淆就別煩惱

法國干邑白蘭地與諾曼第奧日產區的卡爾瓦多斯，採用相同蒸餾設備與製程——以夏朗德壺式蒸餾器分批兩道蒸餾，然而不同區段冷凝液的慣用名稱，卻不太一樣。在干邑稱為酒次的，在奧日卻被稱為低度酒，與干邑第一道蒸餾所得的低度酒同名。但是名稱系統是相對的，所以不至於混淆。

不同的去向，有時被捨棄，有時則與下一批低度酒或者待餾原料一起混合復蒸。

3. 所謂「去頭、去尾，取酒心」，在兩道蒸餾製程當中，只有酒心（le cœur）是真正被當成烈酒的區段，也是烈酒產品的雛形。酒心區段濃度不一，收集之後，可以統稱為新製烈酒（new spirit）。在兩道蒸餾程序裡，第二道蒸餾的中段核心烈酒，酒精濃度約為 70%；如果是單道蒸餾或連續蒸餾系統，新製烈酒的目標蒸餾濃度，則介於 45-94.8%，幅度相當寬廣。

與前述「待餾原料決定白蘭地類型」相似的是，蒸餾次數、蒸餾設備與蒸餾濃度等技術細節，足以形塑白蘭地的品質特性，並決定白蘭地在法規上所屬的類型。你現在已經具備基本觀念，在本書接下來的相關章節裡，還會分別敘述。

蒸餾器大觀

蒸餾器部件名稱也很重要，要先熟悉一些術語，才能順利讀懂蒸餾程序。我現在針對四種常見的蒸餾器進行解說，你可以對照插圖閱讀。大致瞭解這些蒸餾器的運作方式之後，在第三章還會分別針對葡萄酒餾、葡萄渣餾、水果酒餾以及水果果餾白蘭地的製程特點解說，

循序漸進，幫助你掌握世界白蘭地的不同蒸餾製程。

（一）夏朗德壺式蒸餾器

　　這個蒸餾系統，得名於法國西南部的省份名稱，也是干邑產區所在。以這種壺式蒸餾器組成的分批蒸餾系統，直火加熱，兩道蒸餾製酒，被稱為「夏朗德壺式蒸餾」（la distillation charentaise），是很有代表性的經典工藝製程。法國諾曼第奧日地區的卡爾瓦多斯，以及少數雅馬邑白蘭地生產者，也使用這套系統製酒。

　　這個蒸餾系統的特點是容積相對較小，而且採用直火蒸餾，有助於精準取得風味良好的酒心。蒸餾器頂部配有細長彎曲的天鵝頸，蒸氣上升至此，就容易被外界空氣冷凝，自然回流至蒸餾器裡，增加銅質接觸，達到風味淨化效果。藉由火力控制，便足以取得風味純淨的初餾液，就連酒次，也能藉由偏低溫收集，去除皂味。

　　簡言之，夏朗德壺式蒸餾器，雖然風味淨化效果並不完全，但是由於標準製程是兩道蒸餾，再加上頂部連接的天鵝頸設計，能夠促進冷凝，自然選擇取酒，只要找到適合的操作設定，得到的新製烈酒天生麗質。正因如此，只要待餾酒汁足夠乾淨，所得到的年輕烈酒即已相當堪喝。

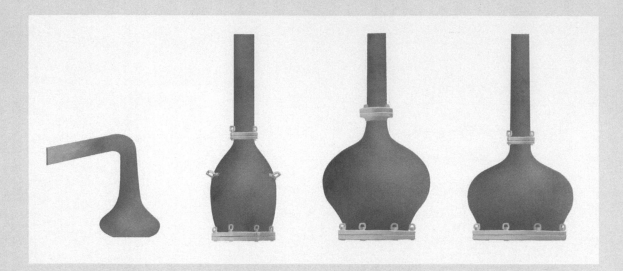

皇冠不吉利，洋蔥保平安

　　夏朗德壺式蒸餾器的頂部有不同形式，法語稱為「頭頂」（chapiteau），英文則稱為「頭盔」（helmet）。不得不佩服法國人取名的創意：從橄欖到壓扁的洋蔥，再到摩爾人的頭，你可以看圖分辨出來嗎？

　　壓扁的洋蔥，倒有幾分像皇冠。不過人們寧願稱之「壓扁的洋蔥」，或許跟暗潮洶湧的民主思想有關。蒸餾器形制在 19 世紀初期丕變，時值法國大革命結束，當時蒸餾器頂部設計，從「摩爾人的頭」（tête de Maure）變成了洋蔥與橄欖。如果當時把洋蔥說成皇冠，不知道會不會被送上斷頭台！

（二）雅馬邑式柱狀蒸餾器·部分連續蒸餾

　　雅馬邑白蘭地使用配有層板的柱狀蒸餾器製酒，稱為雅馬邑式連續蒸餾器（alambic continu armagnacais）。由於製程操作是單道蒸餾，有時候會被稱為雅馬邑式單道蒸餾，但也經常被描述為效果並不完整的連續蒸餾，不妨稱之「部分連續蒸餾」。雖然少數生產商也會使用壺式蒸餾器製酒，然而使用獨特的雅馬邑式蒸餾器製酒，是雅馬邑白蘭地風格個性重要根源之一。

　　冰涼的待餾葡萄酒，從冷卻槽下方進入蒸餾系統，充當替烈酒降溫的媒介；仍然冰涼的待餾葡萄酒，接著向上導入冷卻槽上方的冷凝槽，透過熱交換，將氣態的烈酒降溫凝結成液態。待餾葡萄酒逐步

升溫，直到冷凝槽最上方，便進入蒸餾器頂部，真正進入蒸餾程序。與此同時，冰涼的待餾葡萄酒，依然源源不絕地從冷卻槽下方進入蒸餾系統，形成不間斷進料的連續系統。

蒸餾器由兩個部分組成。下方的是蒸餾鍋，蒸餾鍋上方則是蒸餾柱，蒸餾柱內部是由層板組成。層板之間，有通道可以容許液體向下流動，有孔隙可以讓蒸氣向上竄升，藉由控制火力，兩者之間達到某種平衡。向上竄的蒸氣到達頂部之後，就會進入冷凝槽，接著進入冷卻槽，得到酒精濃度約為 52-60% 的新製烈酒。

這個系統冷凝出來的烈酒，總是含有一些酒頭，這是無法去除的。完整的連續蒸餾系統是由兩個蒸餾柱組成的，最容易揮發的物質，會在第二個蒸餾柱的最頂端被冷凝出來，導出冷凝液之後，可以捨棄不用。然而，雅馬邑蒸餾器的新製烈酒，卻收進了這些成分，這是雅馬邑式連續蒸餾與一般連續蒸餾的最大差異，也因此被稱為不完整的，或部分連續蒸餾。

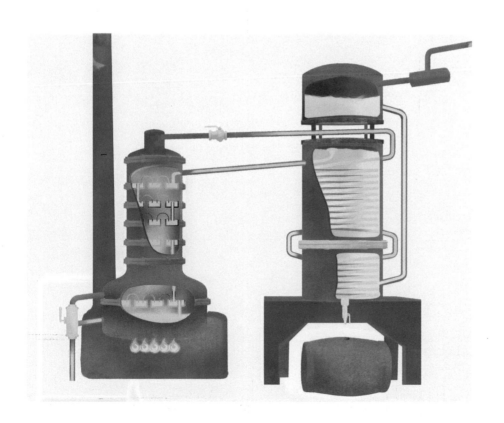

（三）蒸氣間接加熱分批單道蒸餾

　　這類效能極佳、功能多元、富有彈性的分批蒸餾器，是白蘭地產業界最常見的蒸餾器設備。

　　熱源輸入方式可以是直火加熱，也可以利用蒸氣夾套加熱，圓滾滾的外型方便導熱。如果加裝攪拌臂，不但可以大幅節省能源，也能用來蒸餾果渣、果碎。在蒸餾過程中，啟動攪拌可以預防鍋底結焦。

　　蒸餾鍋頂部可以選配類似滾沸球或淨化器，通常也可以將蒸餾柱直接設計在壺式蒸餾器的頂部。有些酒廠蒸餾間的屋頂挑高，所以刻意向上發展，營造視覺震撼。蒸餾柱也可以裝在壺式蒸餾鍋的旁邊，每一個層板外面可以加裝把手，控制內部層板的閥門。透過試驗與微調，蒸餾柱的細節配置，搭配包括火力輸入在內的操作設計，可以製得品質最佳化、符合期望的烈酒。

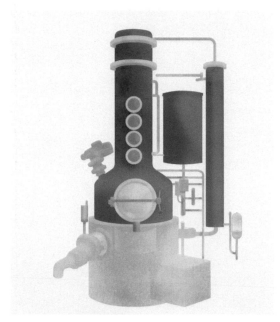

現代分批蒸餾器相當常見，智利 Fundo Los Nichos 與 Malpaso 皮斯科蒸餾廠，壺式蒸餾器頂部都有蒸餾柱，藉由調整火力輸入，可以精準控制蒸餾速度與風味效果。

（四）棟夫龍卡爾瓦多斯柱式蒸餾器・單道蒸餾

法國諾曼第棟夫龍產區（Domfront）的卡爾瓦多斯，使用高比例的梨子，混用蘋果，壓汁之後發酵製酒，採用柱式蒸餾器（alambic à colonne）蒸餾果酒得到烈酒。雖然外觀都有柱狀結構，但是內部構造與操作方式，皆不同於雅馬邑式柱狀蒸餾器連續蒸餾，也不同於一般由柱式蒸餾器組成的連

續蒸餾。這個製程在當地，並不被視為連續蒸餾，而被稱為單道蒸餾。

棟夫龍柱式單道蒸餾系統是由三個部分組成：一是蒸氣鍋，二是初餾柱，三是再餾兼冷凝柱。待餾果酒從初餾柱的上方注入，進入蒸餾系統之後，由上而下穿過 15 至 16 個層板。蒸氣鍋則煮水供應源源不絕的蒸氣，蒸氣注入初餾柱底部。蒸氣與果酒相遇，將酒精與風味物質萃取出來，以氣態進入再餾兼冷凝柱底部。再餾兼冷凝柱的上半段，是利用待餾果酒作為冷卻媒介的冷凝器，下半段則是具有再餾功能的再餾柱，配有 8 個層板。酒精蒸氣由下而上，逐漸濃縮與淨化，最後以氣態被導入上半段，進入冷凝程序，得到烈酒。

現在，你已經大致認識幾種最常見的蒸餾系統，以下是不同白蘭地業界慣用的蒸餾設備與搭配製程種類。在接下來的相關章節，你就可以在這些已經具備的知識基礎上，理解更多關於各類型白蘭地的製程特點。

所屬製程種類	蒸餾設備形式	實例
分批兩道蒸餾	夏朗德壺式蒸餾器	法國干邑白蘭地 諾曼第奧日產區卡爾瓦多斯
	壺式蒸餾器	匈牙利巴林卡傳統製程
分批單道蒸餾	壺式蒸餾器	祕魯皮斯科
	壺式蒸餾器＋蒸餾柱	義大利格拉帕外來製程 保加利亞拉基亞
	傳統蒸氣加熱蒸餾筒＋蒸餾柱	義大利格拉帕傳統製程
	壺式蒸餾器＋蒸餾柱	匈牙利巴林卡現代製程
	頂部附蒸餾柱的壺式蒸餾器	智利皮斯科
	棟夫龍式柱式蒸餾器	諾曼第棟夫龍卡爾瓦多斯
部分連續蒸餾	雅馬邑柱式蒸餾器	法國雅馬邑白蘭地
連續蒸餾	一般柱式蒸餾器	某些普級白蘭地 某些西班牙赫雷茲白蘭地 某些義大利普級格拉帕

2-3 橡木製桶培養與非桶陳培養

　　橡木桶對於棕色烈酒來說不可或缺，但是白蘭地特別著重製酒水果風味，桶陳培養風味只能算是配角。況且，並非所有水果烈酒都要求桶陳培養。多數白蘭地的品質評比仍以是否保有部分年輕果味為標準。但是桶陳培養對白蘭地並非不重要——有些類型的白蘭地，如果不符合最低桶陳培養年限要求，甚至不能標示為該類型的白蘭地。

　　棕色的白蘭地風味跨度特別寬廣，這是因為桶壁會賦予風味物質，在緩慢的空氣交換下，發生互動複雜的理化反應。至於無色白蘭地，不代表不需培養。蒸餾完畢之後的靜置、兌水調降濃度等操作，也都需要時間，而且對白蘭地的風味也有影響。

橡木桶知識大補帖

為什麼要用橡木桶培養烈酒？

　　橡木桶是酒類文明史上美麗的巧合與恩賜。橡木質地均勻且結點少、線條筆直，加熱後容易彎折卻不易斷裂，液密性良好，長期貯酒不會滲漏，也無不良風味，逐漸成為酒桶首選木料。雖然栗子樹與櫻桃木也都可以製桶，但加工不易，而且風味不見得宜人。如今，除了少數像是智利皮斯科兼採當地原生的勞利木（Rauli）製桶培養，多數都以橡木為製桶木料。

　　橡木品種多達數百，常見的有美洲與歐洲橡木。歐洲橡木的可水解單寧含量較豐，可以促進硫化物氧化，提高果酯溶解率，屏蔽烈酒青澀風味，加速熟成步調。美洲橡木質地緊密不易透氣，可水解單寧濃度較低，然而香草醛與內酯更豐富，鮮奶油、椰子般的風味，也能幫助整體風味達到熟成。

木料種類與橡木品種

歐洲橡木品種，傳統以年輪寬度區分。年輪最窄的超細紋橡木，紋距小於 1.5 公釐，以特隆塞（Tronçais）為代表；紋距介於 1.5-3 公釐，仍然屬於細紋橡木，來自法國東北隅貝赫通日（Bertrange）、達奈（Darney）與孚日（Vosge）橡木林區的品種屬之；紋距大於 3 公釐，屬於寬紋橡木，利慕贊橡木（Limousin）屬之。

　　不同橡木品種的紋理粗細、質地軟硬、物質含量濃度不同，會對烈酒風味產生顯著影響。由左至右分別為美洲橡木（Quercus alba）、歐洲寬紋橡木（Quercus pedunculata）與歐洲細紋橡木（Quercus sessiliflora）。從橡實梗與莖的形式，也可以大致判別歐洲橡木品種：圖中的橡實，以長梗與枝條連接，是歐洲寬紋橡木；如果橡實比較靠近枝條，也就是短梗，則為歐洲細紋橡木的特徵。

木條風乾消除異味，製桶烘烤得到香氣

不同的橡木品種，

不同的切分方法

美洲橡木纖維緊密，可用電鋸以四分切割法取得木條，不至於破壞液密性。歐洲橡木則必須順著輻射狀的髓線剖裂，確保纖維完整，而且中央髓心與色淺邊材都要淘汰，只能取用心材；雖然木料損耗較多，但唯有如此才能避免日後發生滲漏。

　　切分得到橡木條之後，必須乾燥才能製桶，除了避免縮水，也是為了風味。戶外風乾過程中，沖刷作用可以消除木料粗糙單寧，而且木條表面所出現的黴斑，可以分解木質素，釋放芬芳物質，並提升萃取能力。歐洲橡木條在經過 2-3 年的戶外風乾程序之後，木料的含水量會下降到平衡點。這段期間，縱使淋雨也沒關係，因為水份不會通過細胞壁進入木質細胞，雨過天晴，這些水份很快又蒸散了。

　　在戶外風乾的過程中，木料的生青風味物質得以充分揮發、沖刷，並且在黴菌作用之下分解殆盡。然而如果醛類物質殘留，則可能帶來生黃瓜、草腥與土壤氣味，也像揉碎的葉子或壓扁的昆蟲，或是翻開舊書的氣味。此外，不飽和脂肪酸經過氧化，則會產生甲殼類海鮮與海水氣味，嚴重的話也屬風味缺失。

　　通常優質白蘭地不應出現板材氣味，除了利用實驗室製備的分子溶液進行感官訓練，認識這項潛在風味缺失，也可親訪桶廠，嗅聞全新橡木桶外側的木料氣味。橡木本身木屑般的氣味，若點綴香草鮮奶油與辛香，是美洲橡木的正常風味特性。

法國干邑作為世界重要的白蘭地產區，產業已經形成密集的網狀群聚。當地的橡木桶製造商自有木條風乾場，在這裡的每個棧板，都要定期調換位置，以求均質的自然暴露效果。批次有進有出，如何擺放與搬動，都要預先縝密設想。

製桶烘焙度與風味差異

將橡木條修整出可以製桶的角度形狀之後，就開始組裝，隨後進入加熱定型的程序。製桶工藝程序相對固定，但每間桶廠的烘烤火力、暴露時間與溫度拿捏都不一樣。木桶烘焙度定義各有不同，烘烤程度深淺也難以量化，各桶廠的品質特徵與風味潛力也因此不同。通常各憑經驗拿捏，並以經典、傳統、特優、芬芳，這類模糊的術語描述烘烤程度。通常所謂中度烘焙，大約是以 180-200°C 烘烤內壁 40-45 分鐘。圖為 Vicard 製桶廠的橡木烘焙樣本，由左至右分別以均溫 200°C、210°C 與 220°C 烘烤 60 分鐘。

溫和的烘焙風味產物，包括麵包香與較多的木質氣味。中度烘焙則有豐富的香草、焦糖、椰子氣息。提升火力強度，則開始出現肉桂辛香、煙燻焦香以及皮革氣味。以風味細膩出名的干邑白蘭地廠牌 Martell，採用客製化的 16 分鐘淺焙橡木桶培養。在某些情況下，淺焙橡木可以保留更多橡木內酯，這類物質的氣味跨度頗廣，包括從奶油、蜂蜜、葡萄乾、可可與咖啡，到焦糖、榛果、菸草與乾草，以及包括芒果、草莓、蜜桃、杏桃在內的各式果香，通常點綴丁香與肉荳蔻般的辛香。

製桶過程的烘焙，不但是箍桶定形的必要手段，期間產生的降解物更是桶陳培養風味的重要來源。這些風味物質大致可分為三類：第一類是半纖維素降解物，帶來焦糖、咖啡、燒烤杏仁、金黃菸絲、太妃糖與棉花糖香氣，有時也有微弱的橡皮、草莓果醬氣味，甚至聞起來像甘蔗汁。第二類是木質素降解物，以香草風味為主；其他多種氣味物質，可以歸為第三類，包括椰子、丁香、肉桂、木質、樹脂、焚香。

黑漆漆的香草鮮奶油？

　　香草醛是桶陳培養的重要風味標誌，通常表現為香草鮮奶油氣息。製桶的烘烤程序會產生醛類，賦予焚香、木質辛香與微弱花香，這股氣味與其他物質帶來的煙燻、燒烤杏仁氣味彼此協調，形成繁複的烘烤香氣，有時候聞起來甚至會像冬瓜茶糖磚。甫經烘烤的橡木桶裡，湊近一聞，飄出香草與煙燻氣息——香草會留到白蘭地裡，但煙燻卻不見得。反而是木料本身的熱降解物，可能賦予煙燻氣味。

烈酒進了木桶：邁向熟成之路

烈酒的入桶濃度

　　甫蒸餾完畢的無色烈酒，以諾曼第與干邑產區來說，酒精度約為72%，可以直接入桶培養，也可以兌水稀釋到60-66%再行入桶，但是每個廠牌的操作細節不盡相同。

　　兌水稀釋再入桶，特別適合打算以低年數裝瓶銷售的產品線，譬如法規規範至少應桶陳培養兩年的VS，通常廠商會自動延長到4-5年，然而依然以VS的名義銷售。不論如何，相對經歷較短桶陳培養時間的干邑白蘭地，可以預先兌水稀釋——而其效果就是稍微提高水溶性風味物質的萃取。

兌水調降酒精濃度，必須使用經過處理的水，譬如過濾或逆滲透。圖為酒廠的水質處理設備，以及使用市售礦泉水調降酒精濃度，造成礦物質析出的樣本。

　　在培養過程中，酒精濃度逐漸下降，最後裝瓶前，再加水調降酒精濃度至40-43%。在桶陳培養

前加水，雖然會讓烈酒體積增加，需要更多木桶，因而提高生產成本，但是由於經過陳年的卡爾瓦多斯在裝瓶前的添水量過多，往往會讓風味單調，而且可能帶來刺鼻的皂味，所以有些生產商會調降新製烈酒的濃度，讓品質與成本達到平衡。

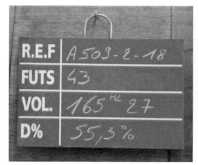

R.E.F	A509-2-18
FUTS	43
VOL.	165 ^{HL} 27
D%	55,3 %

R.E.F	A496-2-17
FUTS	10
VOL.	38 ^{HL} 69
D%	53,9 %

R.E.F	A510-2-18
FUTS	55
VOL.	210 ^{HL} 32
D%	50,4 %

桶陳培養的動態風味網絡

桶中熟成培養的過程，是由複雜的理化作用路徑交織而成，從烈酒入桶濃度，到酒庫環境條件，都會影響桶陳效果，每桶酒都獨一無二。如果哪一桶酒特別美味，難免讓人覺得，要是酒桶大一點，蒸發少一點，就賺到了！但千萬別這樣想，因為若是容量多一些，蒸散少一點，熟成路徑就會不同，風味表現也不一樣。只有在極少情況下，單桶白蘭地會被獨立裝瓶出售，生廠商通常會透過調配，消弭桶次之間的風味差異。

酒精濃度較低的新製烈酒，可以萃取出更多水溶性物質，但是加水調降酒精濃度的速度是個關鍵。通常最快只能以每個月調降 2% 的步調摻水，否則容易讓烈酒產生皂味。圖為法國卡爾瓦多斯 Magloire 蒸餾廠的桶陳培養庫房，每個批次的基本資訊都清楚記載，酒精濃度的調降速度也被列為重要控管項目之一。

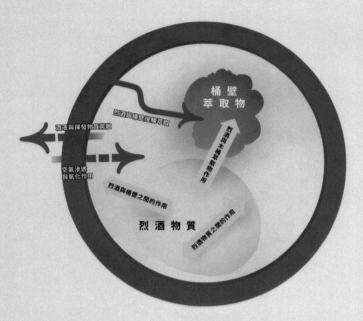

桶壁
萃取物

酒液與揮發物質蒸散

烈酒與桶壁接觸萃取

烈酒與木桶萃取發生作用

空氣滲透
與氧化作用

烈酒與桶壁之間的作用

烈酒物質

烈酒物質之間的作用

桶陳培養過程的理化作用

　　圖中所示這些理化作用的速度、強度與路徑，取決於庫房環境條件（溫度、濕度與通風）、烈酒性質（化學組成、比例與濃度），以及木桶規格（種類、尺寸、前酒與活性）。

　　桶陳培養過程中，風味物質消長與每個環節作用，呈現某種拉鋸式的互動，交織成錯綜複雜的動態網絡。由於變化緩慢，不見得每項因素都直接對應特定風味，再加上人類感官固有限制，以及風味物質之間具有屏蔽、互揚或累加作用，關於桶陳培養的研究與驗證相對不易。

等待，並非置之不理

　　桶中的烈酒，永遠處於動態平衡，即使變化緩慢不易察覺，經年累月下，也足以產生顯著差異。所謂酒窖管理，包括監控烈酒的濃度與風味變化，必要時改變酒桶擺放位置、換桶移注到其他木桶，或者移到玻璃球裡，中止熟成，把時光凍結在那個瞬間。不必要的延長桶陳培養，通常會讓風味逐漸衰退，徒然累積歲數，甚至失去最佳均衡。若是橡木桶活力旺盛，甚至可以把白蘭地移注到活性更差的舊桶，減緩風味老化速度。

　　以干邑白蘭地而論，桶中培養熟成潛力，大多數為 30 年，多半於 50-60 年達到熟成巔峰，絕大多數 70 年的干邑，風味都過度老化。至於近百年的老桶，通常用於調配。至於雅馬邑，則由於新製烈酒特別芬芳深沉，

桶陳培養並非擺著不理、任憑發展，歷經寒暑自然變成好酒，而是要定期取樣量測、試飲追蹤、適時介入。

Tesseron

Baron Otard

Martell

干邑白蘭地生產商的酒庫情景。

不但耐久貯，也需要久貯，因此雅馬邑在市面上流通的基本款裝瓶內容，甚至可能比干邑白蘭地的高年數裝瓶還要更老。

　　水果白蘭地可以經過桶陳培養，以棕色烈酒的形式呈現，也可以不經桶陳培養，以無色烈酒的形式裝瓶。水果烈酒特別著重製酒水果風味呈現，桶陳培養版本通常不應出現過多的桶味，以免干擾果味；桶陳過頭以至於風味老化的酒款，通常會予人乾癟、粗澀、空洞的整體印象。

桶型規格與培養系統：以卡爾瓦多斯為例

　　在所有白蘭地桶陳培養系統中，赫雷茲白蘭地最為獨特。使用原本盛裝雪莉酒的橡木桶培養白蘭地，並堆成一套「動態循環」系統。這套索雷拉桶陳培養工序，可以加速熟成步調，並形塑赫雷茲白蘭地獨特風味個性，賦予核桃般的堅果風味與烏梅果味，有時也會出現鮮明的巧克力、焦糖、太妃糖、菸草、鮮奶油與木質氣味。然而，絕大多數白蘭地都採取「靜態培養」，我以卡爾瓦多斯為例，介紹白蘭地產業界最常見的靜態桶陳培養工序。

　　桶陳培養效果取決於容積尺寸、新舊程度、木料品種、製桶工序等因素，以及庫房環境、人為介入等外在條件。這些因素經過精密的設計之後，便會構成一套平衡的培養系統，每個廠商都

在酒庫裡，橡木桶與酒槽經常兼而有之，交替使用。橡木桶培養能夠賦味、上色，有熟成效果；調配與貯酒用的大型木槽與不鏽鋼槽，則沒有賦味能力。不過，蒸餾完畢的烈酒，在大酒槽裡靜置半年，可以提升感官表現。圖為智利 Malpaso 蒸餾廠的法國與美國橡木桶，以及 Fundo Los Nichos 酒廠的貯酒槽。

不一樣。

原則上，橡木桶容積愈小、愈新，熟成培養與賦味效果就愈顯著，然而蒸散損耗率也愈高。在舊桶裡培養的好處則是風味活性稍弱，不至於遮掩烈酒本身的風味。以卡爾瓦多斯為例，可以混用不同的木桶，包括諾曼第橡木桶、利慕贊、匈牙利與美洲橡木桶，也可以接手曾經培養過波特酒、雪莉酒或馬德拉葡萄酒的舊橡木桶。如果不希望得到強烈鮮明的前酒風味，可以刨除木桶內壁之後再裝酒。譬如有些卡爾瓦多斯生產商會跟知名的葡萄酒廠合作，接手曾經培養葡萄酒的二手橡木桶。經過桶廠處理，將木桶內壁吸飽葡萄酒的部分刨除之後，以蘋果酒填滿，靜置數個月，讓新的內壁吸收蘋果酒風味，而後就可以用來培養下一年度的新製烈酒。

諾曼第蘋果白蘭地，依法必須使用橡木桶培養，才能標示卡爾瓦多斯。每一個生產商的用桶策略不盡相同，多數廠商混用不同來源的橡木桶，有些廠商不使用特定原產地的橡木桶，有些廠商則混用，甚至採用諾曼第當地的橡木品種製桶培養。不同製桶橡木、前酒類型、容積尺寸、裝酒次數，共同決定了一個橡木桶的潛力與特性，追蹤、

圖為法國諾曼第蘋果蒸餾廠的木桶取樣樣本，使用西班牙雪莉酒桶培養，可以得到顏色較深的烈酒，諾曼第本地橡木製桶培養烈酒顏色較淺，如果是多次裝酒的舊桶，賦色能力更低。

造冊與排程，是酒廠木桶管理要務。

　　裝瓶前換用活性較強、風味特殊的木桶短期培養，被稱為「用木桶進行最終修整潤飾」。換桶操作最初是因應木桶供需失衡的替代方案，然而卻逐漸演變為創意競逐；只需數個月便有顯著效果。因此，前酒風味也可以是風味設計的一環。

　　20世紀上半葉，卡爾瓦多斯通常採用盛裝過波特酒、雪莉酒的橡木桶，由於這些舊橡木桶內壁吸收了風味豐潤的各式前酒，用來培養蘋果烈酒，不但不會出現苦味，而且還會賦予漂亮色澤、豐富香氣與紮實風味。這項傳統源自當時進口的加烈葡萄酒普遍以橡木桶散裝運輸，到港之後才進行裝瓶作業。因此，農民們可以用廉宜的價格收購空桶，培養自己的蘋果烈酒。隨著西班牙雪莉酒相關法規開始禁止散裝輸出，而蘇格蘭威士忌產業開始搜購雪莉桶，如今卡爾瓦多斯也開始用其他各式加烈酒、再製酒與甜酒桶來培養，賦予不同的風味細節變化。

屁股？其實不是屁股！

　　你知道為什麼雪莉桶會被稱為「屁股」嗎？容積約 500 公升的雪莉桶，有「butt」或「puncheon」兩種形式：前者桶壁較厚，外觀瘦長；後者桶壁較薄，外觀矮胖。雪莉桶原文名常被解讀為「鼓起像臀部，所以稱為 butt（屁股）」——這很難自圓其說。其實 butt 詞源可追溯到十五世紀拉丁文 buttis，原意是容器；十八世紀，意指容積相當於 400-530 公升的木桶，如今則指稱約莫 500 公升的瘦長型雪莉桶。

「戀舊」的蘋果白蘭地

　　全新橡木桶賦味能力強，因此烈酒入桶後需要嚴密監控。常見作法是使用全新橡木桶短期培養，然後再將烈酒移注至舊桶裡。通常第一次裝酒，只能陳放 3 至 6 週，就要把酒移出；第二次裝酒，則可以放 5 個月；第三次裝酒，則可以放 1 年。通常橡木桶在 3 年之內，都被稱為新桶（fût neuf）；3 至 10 年老的木桶，稱為「舊桶」（fût roux）；10 年以上則稱為「老桶」（vieux fût）。木桶若是管理得當，使用年限可以超過 30 年。

　　以蘋果製酒，來自桶陳培養的木質氣味不應該居於主導，又或者說不應該遮蔽來自蘋果的風味標誌。以諾曼第蘋果白蘭地來說，Lecompte 12 年的果味表現相當豐沛，25 年裝瓶的木質氣味已然居於主導，但強度不至於太高。許多其他卡爾瓦多斯廠牌，也抱持類似的品質邏輯標準。

舊酒槽、老酒桶，都還很有用

　　失去活性的舊橡木桶，整體培養效果愈來愈差，物理層面的溶解與萃取，以及化學方面的氧化與各種作用都會減弱。然而舊桶可以幫助保留烈酒特性，延長培養而不至於老化。這是累積桶陳年數，但風味依然相對年輕明亮的祕訣；高年數白蘭地若尚不打算裝瓶，移到舊桶裡或者玻璃球裡，都可以減緩老化。

從老舊木桶拆下的桶條側面，可以看到烈酒滲入的深度。隨著裝酒次數增加，桶壁的賦色與賦味能力隨之減弱，橡木桶也逐漸失去活性。

　　大型木槽也是相同的道理，內壁已經失去活性，缺乏賦味的效果，但是用來培養卡爾瓦多斯，可以逐漸累積宜人的氧化風味。調配不同批次的卡爾瓦多斯，也會利用大型木槽作為暫存容器。幾乎所有的卡爾瓦多斯，在裝瓶前都必須經過調配，尤其是老酒，因為不同批次的老酒，風味個性殊異，必須

透過調配來達到平衡而繁複的風味個性。

桶陳過程的天使稅：愈乾愈熱，喝得愈多

烈酒入桶就開始損耗，最終產量必定少於入桶體積。桶壁吸收、酒液蒸散、採樣、流失與意外——有些損耗是必須的，而且對整體品質有正面意義，有些則否。桶壁會吸收酒液，在入桶最初幾週內，液面就會明顯降低，尤其是採用新桶。酒液蒸散耗損，被詩意地稱作「天使的份額」（angels' share, la part des anges）——意思是被守護天使抽了稅。

西班牙赫雷茲白蘭地產區，夏季燠熱，年平均蒸散耗損率高達7%，義大利北部的某些格拉帕產區，較法國干邑緯度更低，環境也更乾燥，每年蒸散接近5%。往北行，干邑與更為涼冷的諾曼第，平均耗損都只有2-4%。在特別潮濕涼冷的環境或庫房裡，耗損甚至只有0.5%。現在你知道了，庫房環境愈熱，守護天使就喝得愈多。

水份與酒精蒸散比例與烈酒總耗損量，取決於培養環境、酒庫條件與各倉儲位置的特性。酒庫條件並非均質，每桶白蘭地的變化路徑也不一樣。根據觀察，天使喝得多，不代表酒特別好喝！為什麼呢？下回分解！

木桶發生滲漏意外，必須盡快處理，否則只是白繳更多天使稅。木桶滲漏情況輕微可以使用防水填料解決，嚴重滲漏則需要送進桶廠維修。

白蘭地的培養環境與品質影響

環境潮濕，蒸散率低，涼爽而溫差小，理化作用緩慢，常被視為桶陳培養理想環境，有利呈現烈酒完整和諧的風味特性。建築低矮接近地面，甚至位於地面下，附近水源豐沛、岩層或土壤潮濕的酒庫，通常符合這樣的要求。涼爽潮溼的環境，酒精蒸散作用相對旺盛，白蘭地的酒精濃度會逐漸下降；如果環境溫暖乾燥，水份加速蒸散，酒精濃度下降速度減緩，對烈酒的風味熟成，會產生不利的影響。

桶陳培養環境通常以低溫高溼為宜，這也是為什麼有些酒庫地點特別挑選河岸或接近地下水面。酒精蒸散，有利水溶性物質萃取。以干邑為例，通常會帶來獨特的橙花與茉莉香氣，實例包括 Paul Giraud、Gautier、Hine 以及 Courvoisier 的某些水岸庫房。在干邑產區，特別潮濕低溫的庫房，天使稅可以下探至 2%；在涼爽的諾曼第，通常酒庫都建在地面上，而不是地底下，只有夏天稍為溫暖一些。

　　同一個廠區的不同庫房，不論形式是否相同，都可能擁有不同的溫濕度與通風條件；在同一座酒庫裡，不同角落或樓層，也都有「微氣候」差異，因此替桶陳培養過程帶來變數。每一桶白蘭地都在複雜的脈絡當中，循著不同的路徑與速度熟成，經年累月之下，桶次之間便足以產生感官差異。也因此，白蘭地在出廠前，通常必須經過選桶調配的程序，確保批次之間風味的穩定。

每桶酒都不一樣，添糖不見得是天堂

　　每桶酒都不一樣，所以需要調配，以求品質穩定。適量使用焦糖可以調整顏色外觀，縮小批次之間的色差，添糖則可以幫助達到風味平衡，橡木萃取液則可以賦予類似桶陳的風味，幫助遮瑕。這些操作被視為傳統穩定程序，然而現代有些生產商標榜完全不添糖不調色。

　　添糖之所以盛行，並成為一項傳統操作，是由於作法簡單，效果明顯。當白蘭地風味不夠成熟、酒精慍烈刺激，整體觸感粗糙時，

黴菌、蜘蛛與干邑的共生

　　干邑白蘭地的酒庫外牆，通常霉跡斑斑，這是由於附著一種名為 Torula compniacensis 的黴菌，依賴酒精蒸氣維生。菌群會從酒庫頂端開始蔓延，這類菌種對人體健康與烈酒風味沒有影響，歲月痕跡也經常被保留下來。走進酒庫，映入眼簾的是蛛網處處，則是因為蛀蟲會啃嚙捆紮橡木桶的柳條，需要蜘蛛平衡酒庫生態。為了營造適合蜘蛛生存的環境，通常會避免過度通風、過度清掃、使用清潔藥劑或環境用藥。

桶陳培養環境要求，南北海陸，殊途同歸

　　干邑法規重視葡萄原產地、蒸餾工藝、培養時間與培養桶型，但是培養地點規範較為寬鬆。我們可以從一些特例當中，觀察風格細節差異。

　　Hine 的年份干邑，運往英國 Bristol 培養熟成，特殊的溼冷環境賦予特殊風味，造就了年輕多果味的特性。熟成培養期間環遊世界的 Kelt Grande Champagne XO，有「海洋熟成干邑」之稱，散發含蓄的花香、些許焦糖與菸草氣息，入口很快發展出頗慍烈的觸感，些許氧化的陳酒風味，糖漬柑橘與蜜餞般的風味在餘韻持久不散。

　　熟成環境溫度與濕度，對干邑品質的主要影響，在於高溼涼冷的培養環境，會促進酒精蒸散，並留下相對較多的水份，在過程中，將促進水溶性物質的萃取，根據觀察，這樣的培養環境通常會造成獨特的花香。除了 Hine 之外，Paul Guiraud 與 Gautier，也都印證了這樣的觀察結果。

或者是白蘭地風味老化，顯得乾癟粗澀，都可以藉由添糖部分修飾口感。

　　合理的添糖操作，可以提升整體表現，然而適度與過度通常只是一線之隔。通常最佳產品的品質，仰賴充分掌握製程技藝，而不是在最後一個階段，寄望藉由添糖，一甜遮三醜。況且，法規針對添糖量有限制，並不是加得愈多愈好。而一旦添加過多的糖，白蘭地嘗起來反而會顯得風味黯淡，而且收尾出現酸韻。

無桶陳與桶陳培養過頭的老化

桶陳不是一定要：天生麗質的白蘭地！

　　相對於威士忌來說，剛蒸餾完畢的白蘭地，硫化物濃度較低，天生麗質，只需相對短期培養，即可以達到風味協調成熟。不同性質的烈酒，所需基本培養時間門檻不同，這也是為什麼業界對老酒的一般見解，以蘇格蘭麥芽威士忌來說，培養年數超過 18 年，就算老威士

忌，但是法國干邑白蘭地桶陳培養超過 10 年，就算是老干邑了。

應該桶陳，卻不桶陳，可以嗎？某些白蘭地，傳統上屬於必須經過桶陳培養的棕色烈酒，然而隨著時代改變，逐漸出現無色版本，保留更多來自製酒原料的原始風味，而且沒有木質澀感。對於調酒來說，無色烈酒不會增改變調製成品的顏色外觀，因此可以有更多自由揮灑的空間。

2005 年，雅馬邑白蘭地生產法規，正式將無色雅馬邑（Blanche Armagnac）列為原產地產品名稱標示。然而，有些類型如果不經桶陳，就無法以原產地或類別名稱標示出售，除非生產者自願放棄標示特定名稱的權利。譬如根據法國干邑的生產法規，必須桶陳至少兩年，2010 年 Rémy Martin 廠牌推出的 V 系列無色烈酒，就不能稱為干邑，2001 年法國諾曼第的卡爾瓦多斯生產者 Drouin 的 La Blanche de Normandie，也不能標示為卡爾瓦多斯，只能稱為「蘋果酒餾烈酒」（Eau-de-vie de cidre）。

無桶陳培養，不等於廉價貨色

無色版本的水果蒸餾烈酒，在蒸餾完畢之後，通常會貯存在不鏽鋼槽裡，一年之內裝瓶，由於不經桶陳培養，所以無法仰賴培養過程當中的理化作用，以及來自橡木桶壁的風味物質萃取，來遮掩風味瑕疵。

無色烈酒的生產製程，看似省去了桶陳培養工序，但絕對不是便宜貨！對蒸餾工序的技術要求反而更為嚴格，祕魯皮斯科與阿爾薩斯

義大利格拉帕，可以桶陳，也可以不桶陳。相較於那些通常經過桶陳培養的干邑、雅馬邑，以及那些通常不經桶陳培養的祕魯皮斯科、阿爾薩斯水果烈酒而言，義大利格拉帕顯得左右逢源，既是無色白蘭地的專家，也是棕色白蘭地的專家。格拉帕蒸餾廠的酒庫裡，通常兼有不鏽鋼槽與橡木桶。

個案聚焦：匈牙利巴林卡

匈牙利也是歐洲橡木產地之一，除了製桶供應當地葡萄酒業使用，也有少部分外銷，但是匈牙利巴林卡很少使用橡木桶培養。早期以非橡木木料製桶貯酒頗為常見，包括蜜李木製桶，如果用來培養巴林卡，經常賦予顯著的花香。如今，人們也發現曾經培養匈牙利托凱甜酒（Tokaji）的橡木桶，也適合用來培養特定類型的巴林卡，包括風味較為豐富飽滿的根茨杏桃巴林卡，以及大多數葡萄果餾巴林卡。

匈牙利巴林卡通常無桶陳培養，如果經過桶陳培養，通常使用 7-8 年，甚至超過 10 年的舊桶，用桶相當自由多變，除了橡木桶，也可以使用桑樹、李樹、櫻桃木料製桶。以 Brill 蒸餾廠為例，除了較大尺寸的匈牙利橡木桶之外，也採用桑木桶與尺寸稍小的櫻桃木桶。該廠兼用曾經培養葡萄酒的橡木桶，但是偏好使用全新橡木桶進行 3-4 個月的短期桶陳，然後移注至舊木桶裡繼續培養。

匈牙利語「Ó-」前綴是「老」的意思，譬如 Ó-Szilva Pálinka 就是「陳年蜜李巴林卡」，必須經過至少三年桶陳培養。Érlelt 是熟成的意思，必須經過至少三個月的桶陳培養，有時也寫成 Fahordóban érlelt，意思是木桶熟成。

由於相關生產法規並未針對桶型規範，因此這類產品來自桶陳培養的風味特徵可以非常寬廣。不過，只有少數的巴林卡適合桶陳培養，絕大多數的匈牙利巴林卡，都不經過桶陳培養，以無色烈酒的形式裝瓶。

水果蒸餾烈酒，是這類無色白蘭地的經典代表，保加利亞拉基亞與匈牙利巴林卡也有非常高水準的無色版本。

上鎖的天堂：珍稀庫存所在

培養過頭，不是熟成，而是老化。桶陳培養過程中，帶有花果香的酯類濃度不斷增加，香草醛與單寧等風味物質的濃度也會逐漸提高。過了某個時間點，單寧澀感與木質辛香逐漸居於主導，直到烈酒失去活力，只剩下單薄的氧化風味與單調的澀感，那就是老化的白蘭地。

酒廠不會希望桶中庫存老化，通常會趁成熟高原期就調配裝瓶銷

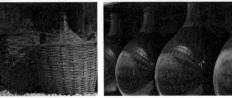

玻璃球的身世趣話——
從珍妮夫人,變成半個約翰
25 公升貯酒玻璃球,法語稱
為 Dame-Jeanne,意為「珍
妮夫人」。由於發音相近,
英語誤稱 Demi-John。以訛
傳訛,積非成是,如今成了
「半個約翰」。

售,或者移至中性容器貯存。干邑產區通常用玻璃球裝酒,否則用大
槽暫存也行。這些裝有高齡白蘭地的玻璃球,會用軟木墊或乾草捆紮
保護。貯存珍稀庫存老酒玻璃球的庫房,通常會上鎖,稱為天堂(le
paradis)。為什麼是天堂?應該不需解釋。

　　這些老酒通常不會立即裝瓶,而是留待適當的時機銷售。不過,
惜售的情況更是常見,也不難理解。老酒通常也會用來勾兌調配,但
是有些批次單獨嘗起來就很完整,帶有百香果、橙皮、肉豆蔻、雪茄
盒風味,拿來調配好像也有點可惜。

欣賞老酒的心法

　　桶陳培養超過 20-30 年的白蘭地,很可能出現鉛筆、木質、墨水、樹皮、泥土、
甜菜根、蕈菇、動物、馬廄、皮革與酒庫霉溼氣息;較不宜人的陳酒氣味,可能像
是破布、紙板、金屬、樟腦、軟木塞。表現含蓄時,其實都像灰塵,倒也符合陳年
畫面,然若出現在年輕白蘭地裡,則可能來自環境異味,或酒瓶橫躺,酒液與軟木
塞接觸,又或者軟木塞本身品質瑕疵,遭到黴菌污染。

　　陳酒風味經常與氧化、過度萃取相伴共生,有時會像普洱茶、老木頭或舊抽屜
的霉溼氣味,甚至出現馬廄與動物氣味。陳酒的品質評價,取決於性質強度、整體
表現與飲者個人品味喜好。陳酒獨特魅力,以風味宜人、均衡協調為前提,陳味表
現含蓄均衡,層次豐富,而不應沉滯呆板、緊澀封閉。老酒並非「有陳味而顯優質」,
而應是「縱有陳味依然優質」。

2-4 品質管理、裝瓶形式與産品創新

　　上一節提到「每桶酒都不一樣，所以需要調配，以求穩定。」然而，有些生產者逆向思考：「何不把最特別的桶次單獨裝瓶，創造特殊品項呢？」現在我要帶你走一趟調配間、灌裝線與實驗室，看看生產者、行銷與品管單位都在想些什麼。

裝瓶前的處理與品管

調配都在玩些什麼？

　　設計風格，進行調配，可以達到產品區隔、塑造品牌形象的目的。調配工藝的奧妙與挑戰，在於達到類似風味表現，其實有不同的途徑與方法，就像魔術方塊有不同的轉法一樣。調配，就像是在玩液體魔術方塊。

　　每個年份的收成品質不同，調配基酒也在桶中逐年變化，在浮動的基礎上追求類似的調配結果，無疑是一項挑戰。調配烈酒甚至比調配香水還複雜，也更困難，因為香水不是用來喝的，不用兼顧風味觸感。

調酒師桌上的風景。

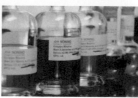

完成調配，整批白蘭地會貯
存於大型酒槽內，待酒質充
分穩定均質再行裝瓶。

裝瓶前的品管，都在做些什麼？

烈酒裝瓶前可以低溫處理，讓高級脂肪酸酯等，俗稱蠟質的物質
冷凝析出，並加以濾除，這些蠟質會散發強烈皂味。此外，各類型與
產區的白蘭地，著重細節也不盡相同。

匈牙利晚近正在發展巴林卡的生產履歷系統，匈牙利國家食品安
全管理局甚至花費鉅資，替實驗室添購先進的磁核共振分析儀。只需
要 2 毫升樣本，就能夠取得多項精密資料，每種酒都彷彿有獨一無
二的指紋。建立完整的資料庫之後，就能輕易判別與核對生產履歷，
成為強大的後盾。

至於義大利格拉帕，由於使用葡萄渣作為蒸餾原料，所得烈
酒的甲醇濃度普遍較高，品管重點則擺在甲醇濃度檢測。在義大

法國諾曼第卡爾瓦多斯蒸餾
廠 Boulard 的冷凝過濾設備。

匈牙利國家食品安全管理局
磁核共振分析儀

利阿迪傑聖米可雷農學研究院
（Istituto Agrario di San Michele
all'Adige）的實驗室裡，針對葡
萄渣蒸餾烈酒的「基本檢測套
餐」，甲醇濃度檢測就是主要項
目之一。

義大利特倫提諾 Pilzer 格拉
帕蒸餾廠，濾出物收集桶
中，可以看到漂浮的蠟質。

義大利阿迪傑聖米可雷農學
研究院甲醇檢測

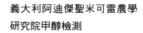

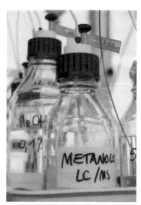

調配完成即進入裝瓶，現代
裝瓶線高度自動化，人力需
求極低，但還不至於無人
化。空瓶內部可以用即將裝
瓶的同樣烈酒涮洗，然後再
進入灌裝。

產品年數標示

白蘭地的年數計算,以調配當中最年輕的基酒為準,並據此劃分不同等級,價格也大約呈正相關。以干邑來說,由於過去百年以來市場衰退,幾乎所有干邑生產商,都以高過法定酒齡最低門檻的白蘭地裝瓶貼標。

有些特定產區、特定製程的新製烈酒,由於需要延長培養熟成時間,因此會刻意延長桶陳,達到目標成熟度。譬如壺式蒸餾器分批蒸餾的烈酒,會需要比柱式連續蒸餾烈酒更長的培養時間。又譬如干邑的大香檳區烈酒也需要延長培養,相對不需長期培養的產區則包括邊界區與優質林區。因此,干邑白蘭地大香檳區 XO,最年輕的基酒年數或平均年齡,通常明顯較高。

拿破崙掛保證

知名干邑品牌 Courvoisier 曾經是拿破崙軍隊的烈酒供應商,樂於將品牌形象與拿破崙連結,除了使用拿破崙半身剪影,也用拿破崙名字的開頭字母 N 作為品牌標誌。「拿破崙」如今甚至成了干邑等級名稱,用以標示經過桶陳培養至少 6 年的干邑。你知道為什麼嗎?

18 世紀上半葉,世界各種烈酒紛紛崛起,並在百年內逐一成型,相較於當時以水果與穀物製成的各式無色烈酒,干邑白蘭地最主要的特徵,是經過桶陳培養的棕色烈酒,而桶陳培養也就成為一道富有品質意義的生產工序。

對於 19 世紀的人們來說,陳年干邑就是品質保證。拿破崙過世後,酒商為了強調產品價值,便將產品標示為「拿破崙干邑」,意指拿破崙時代留下來的陳年干邑。近年以來,干邑白蘭地 XO 最低桶陳年數要求,已經調高為 10 年。也因此,拿破崙不再是最高年數的干邑等級名稱,但是拿破崙應該不會抗議才是。

干邑的陳年計數標示準則

　　干邑白蘭地的陳年計數，分別對應不同名稱，形同一套語法對應。你可以在這份列表當中，看出等級名稱之間的語言邏輯。最常見的標示字樣，以粗黑體表示。

年數	標示名稱	行家提示
2	**3 Étoiles（三顆星）** **VS 或 Very Special（非常獨特）** Sélection（精選）、De Luxe（奢華）	最基礎的裝瓶等級，標示字樣單獨看來很有氣勢，但是依然足以與更高年數作出區隔
3	Supérieur（優良）、 Cuvée Supérieure（優良批次）、 Qualité Supérieure（優良品質）	介於 VS 與 VSOP 等級之間，以「優良」字樣標示或組成短語
4	**V.S.O.P.（Very Special/Superior Old Pale 的簡寫，意為非常優異的琥珀烈酒）** Réserve（珍藏）、Vieux（老酒）、Rare（稀罕）、Royal（御品）	VSOP 等級是最常見的基本裝瓶，可以選用所列單詞標示
5	Vieille Réserve（珍藏老酒）、 Réserve Rare（稀罕珍藏）、 Réserve Royale（御品珍藏）	介於 VSOP 與拿破崙等級之間，標示方法是以「珍藏」字樣，搭配 VSOP 等級所允許標示的另一個單詞，組成兩字短語
6	**Napoléon（拿破崙）** Heritage（傳承）、Excellence（卓越）、Suprême（極致）、Très Vieux（非常陳年）、Très Vieille Réserve（非常陳年珍藏）、Très Rare（非常珍稀）	拿破崙等級，可以選用特定單詞，或用「非常」組成短語
10	**XO（Extra Old，極致老酒）或 Extra（極致）** **Hors d'âge（超越年數）** Ancestral 或 Ancêtre（祖傳）、英文 Gold 或法文 Or（黃金）、Gold（黃金）、Impérial（帝王）	XO 等級酒款，除了三種主要標示方式之外，也可以選用特定單詞

在白蘭地的領域裡，普遍使用年數系統作為產品等級劃分依據，VS 與三顆星是最低年數的裝瓶，只有某些廠牌可以裝出品質穩定精良的低年數產品。同一個廠牌的 VS、VSOP 與 XO 裝瓶，理應累進培養年數與風味熟成度，但是 VS 不見得差，而 XO 裝瓶也不見得有最好的整體品質。

從三顆星到三顆蘋果

上述的年數計數與標示方式，也跨越國界與產區，認定標準與實行方式各不相同。現在讓我們延伸對照一下，同樣是法國境內的白蘭地產區，諾曼第卡爾瓦多斯的桶陳培養與年數標示方式，與干邑白蘭地年數標示系統有哪些出入。

首先，常見的 VS 與三顆星，可以標示為俏皮的三顆蘋果（Trois pommes），與干邑相同的是，必須至少經過 2 年桶陳培養。但是，接下來的年數與標示，開始出現些許不同。

Vieux（老酒）與 Réserve（珍藏）等級，代表至少經過 3 年桶陳培養，比干邑少了一年。Vieille Réserve（珍藏老酒）與 VO（Very Old，非常老酒），這些名稱標示在干邑來說，分別指至少 5 年與 6 年桶陳培養，但是在諾曼第，這兩個詞彙卻與 VSOP 相同，都用來標示至少經過 4 年桶陳培養的卡爾瓦多斯。而 Hors d'Âge 或 Âge Inconnu、XO 或 Extra，以及 Très Vieux（非常陳年）與 Très Vieille Réserve（非常陳年珍藏），都代表至少經過 6 年桶陳培養，也與干邑標示方式稍有出入。除了非常陳年與非常陳年珍藏，在干邑也都對應至少 6 年桶陳，其餘的標示字樣，在晚近干邑的年數標示改革後，都已經提升到至少 10 年桶陳培養才得標示。

年數，不等於年份

談到培養年數，這個概念與年份不同，而葡萄酒餾或渣餾白蘭

地，與卡爾瓦多斯的年份概念也不一樣。如果卡爾瓦多斯標示年份，是指蒸餾年份，而不是採收年份。

通常當蘋果與梨子在秋天採收後，利用冬天進行發酵，隔年才會進入蒸餾程序。如果發酵提早結束，並在年底前完成蒸餾，那麼蒸餾年份就會跟採收年份一樣，但這並不是常態。最老派的傳統作法，是發酵完畢的蘋果酒與梨子酒，還會在酒槽裡待上一年的時間，才進入蒸餾。一瓶有標示年份的卡爾瓦多斯，代表一個特定的時空，但是與風味特徵之間的關係並不固定。

特殊裝瓶與產品趨勢

白蘭地可以不只是一瓶琥珀色的烈酒，你可以從酒標上讀到不同於一般裝瓶的資訊內容，單一年份、單一桶號、單一園區、單一酒廠、不同濃度、限量版，甚至還有瓶子裡裝果粒、水果切塊，甚至裝整顆蘋果與梨子。當然，酒瓶形狀特殊的裝瓶版本，就更不用說了。

特殊裝瓶與最新趨勢：以干邑與雅馬邑為例

不同年份條件之下，葡萄釀造潛力會有微幅差異，在製程中，差異逐漸被放大，這是葡萄酒餾白蘭地的重要特點。也正因為如此，裝瓶前調配是維持品質穩定的重要手段。然而，如今刻意將不同年份、品種、種植區、蒸餾廠與桶號批次的白蘭地獨立裝瓶，展現最寬廣的風味譜與最多樣的可能，已經漸成風潮。

傳統的干邑白蘭地，透過調配技藝呈現廠牌風格，不把上述其他變因視為產品設計元素，然而這些傳統限制已經逐漸鬆綁，單桶裝瓶、單一年份、單一產區、單一蒸餾廠裝瓶紛紛出籠，不同年數基酒獨立裝瓶，呈現不同熟成階段的風味特性，也讓人耳目一新。

干邑普遍沒有單一蒸餾廠的概念，就算有，也不像是蘇格蘭威士忌業界那樣的內涵。葡萄產地對品質影響頗鉅，因此只強調單一蒸餾廠是不夠的。來自單一蒸餾廠的干邑白蘭地，往往也會是單一產區或

單一年份與單一產區裝瓶，是干邑創新的基本手法。透過比較這類產品，可以幫助認識不同葡萄種植區製酒的潛力。這類產品必須由官方全程把關，最終才能獲准標示年份與產區名稱。園區與莊園兩個概念，都可以作為產品區隔的工具。Château Triac 的「單一葡萄園」（Single Vineyards）、Martell 與 ABK6 的「單一莊園」（Single Estate）都是實例。有些版本會以 Domaine 字樣標出莊園名稱。

園區。雖然這類裝瓶的實例不多，不過也都標誌了近年來的產品發展趨勢。

另外一個值得注意的變化是棕色白蘭地衍生出無色版本。前文述及雅馬邑白蘭地生產法規，已經於 2005 年正式承認無色雅馬邑。雖然無色干邑不被承認，但是有些品牌的知名度高，就算不被允許標示干邑，也不見得影響銷售。風潮所及，傳統慣例有桶陳培養的棕色白蘭地，相繼推出無色版本。甚至經過桶陳培養的批次，可以在裝瓶前經過除色工序，呈現無色外觀。

產品包裝差異化，也是歷久不衰的推陳出新方式。有些品質極佳的產品，就缺一個讓人眼睛為之一亮的外觀設計。相反地，有些名氣不高的白蘭地，藉由奇形怪狀的玻璃瓶，以紀念品的概念銷售，也能成為佔比頗高的銷售渠道。

異於常規的桶陳培養程序，創造異於傳統的風味結構，也是干邑的創新手法。Martell 以經典的 Cordon Bleu 為基底，推出搭配重燒烤橡木桶陳培養版本；Bache-Gabrielsen 則使用活力旺盛的美洲橡木桶進行換桶延長培養。這類產品的成功，取決於精準的風味設計。

特殊裝瓶，常是數字遊戲！

限量版與紀念版都是常見的特殊裝瓶，干邑與雅馬邑都是佼佼者。

Rémy Martin 廠牌以 Carte Blanche à Baptiste Loiseau（Merpins Cellar Edition）為名的限量款，是陳年時間超過 20 年的干邑白蘭地，帶有百香果、橙皮風味，並伴隨嫩薑氣息，逐漸發展出含蓄的椰子、榛果、巧克力、肉桂、胡椒、皮革香氣，一層更勝一層，風味極為繁複，屬於強調香氣層次的法式風格。相較來說，Courvoisier 的 L'Essence de Courvoisier 也充分展現陳年干邑特徵，但卻更加粗獷深沉，屬於富有勁道觸感的英式風格。

雅馬邑白蘭地廠牌 Dupeyron 是知名的年份酒款裝瓶商，該廠牌的 Armagnac du Collectionneur 產品線，通常以原桶濃度裝瓶，也屬於限量款。

不要捨不得喝限量或紀念裝瓶，有些裝瓶是要讓你馬上開來喝的易飲型酒款。Jules Gautret 品牌的年份紀念裝瓶就是一個例子。散發梨子與蘋果香氣，接近乾燥辛香與木屑的木質氣味與之平衡，漸漸出現清晰的糖漬水蜜桃。一入口，甜潤風味即出，架構不複雜，也以蜜桃風味主導。收尾乾爽，酒感微帶灼熱。餘韻簡單，仍以蜜桃主導，杯底出現薄荷氣息。

單桶裝瓶（Single Barrel），通常是經過挑選的特定批次，產品普遍會有特定桶號註記，譬如 Cognac Park 所推出的單桶裝瓶干邑白蘭地，就屬於這類產品。

渣餾白蘭地特殊裝瓶

在葡萄渣餾白蘭地當中，義大利格拉帕是最有創意與活力的類別，特殊裝瓶琳瑯滿目。單一品種與單一產區葡萄渣餾製酒已經成為

Poli

某些生產者的常態。

　　義大利格拉帕 Poli 廠牌有很多特殊裝瓶，包括使用知名酒莊的葡萄渣蒸餾，或以知名酒莊的橡木桶培養，也有以不同月份命名的主題產品，使用單一年份、單一產區葡萄渣作為蒸餾原料，創造行銷話題。義大利格拉帕 Nonino 廠牌的路線，則包括高年數裝瓶、特殊培養程序與特殊單一葡萄品種裝瓶。兩個品牌也都擅長運用特殊設計的玻璃容器裝瓶。

Nonino

買酒送水果，泡在酒裡的水果！

　　在一瓶卡爾瓦多斯裡，竟然裝著一顆水果。是怎麼辦到的

除了法國諾曼第的卡爾瓦多斯之外，在法國阿爾薩斯與荷蘭等地，甚至南法的隆河谷地一帶，有水果製酒傳統的地方，偶爾也會在農家或商場找到「瓶中果」！

呢？這類很有話題性的裝瓶，稱為「瓶中果」（La Pomme prisonnière），法語的字面意思是「被囚禁的蘋果」。

由於「蘋中果」本質上是重視美觀的產品，所以若是瓶中的蘋果有傷口，在製程階段就會被淘汰。

做法其實不難，農夫只要把酒瓶事先套在枝條上，讓果實在瓶子裡長大，然後一起收成。採收之後，瓶中的蘋果會先用烈酒浸泡，並檢查蘋果外觀是否完好，外觀漂亮的瓶次會重新灌酒，貼標出貨。裝瓶出貨之後，卡爾瓦多斯會繼續從果皮萃取香氣與微弱的苦味，果汁則會賦予甜味與豐沛的果味。傳統上，最常見的是梨子版本，因為梨子的成功率比較高，蘋果版本的成功率不到五成。

你很快就會意識到，裝在瓶中的諾曼第蘋果，其實挖不出來吃不到。如果想要有得吃，你可以嘗試匈牙利「果床巴林卡」。

榲桲

杏桃

白葡萄

蜜李

蜜李

酸櫻桃

以生產「果床巴林卡」聞名
的匈牙利 Bolyhos 蒸餾廠，
自行製備果乾，甚至研發包
括切塊機在內的專屬設備。
果塊經過長時間低溫烘乾，
裝在鋁箔袋裡，貯藏於 24
小時溫控倉庫裡備用。

　　匈牙利語 ágyas 是「床」的意思，巴林卡裝瓶時，投入乾燥處理
過的製酒果粒或切塊，果乾吸收烈酒膨脹後，沉在瓶底，彷彿替巴林
卡鋪了一張「床」。按照慣例，生產者會用相同的製酒水果製成果乾，
在裝瓶前投入玻璃瓶，然後再注入巴林卡。不同水果的賦色能力不
同，倘若這層「果床」是榅桲、杏桃與白葡萄，巴林卡看起來通常是
淺稻黃色，如果是蜜李，顏色可能接近淺黃色，櫻桃浸泡則有色澤深
淺不一的石榴紅，最深可到寶石
紅。

匈牙利巴林卡最普通的裝瓶創意，是用玻璃球
裝酒。雖然像是酒廠使用的容器，但是裝酒拿
出來賣，似乎很受歡迎，尤其是對遊客來說。
在匈牙利舉辦晚宴，你可能也需要準備玻璃球
裝巴林卡。匈牙利語稱之 Száz barát，意思是
「一百個朋友」，但是以匈牙利人的好酒量來
看，或許一整球還是不夠一百個人喝。

水果白蘭地：木桶與濃度也能玩出新花樣

橡木桶培養雖然是棕色
烈酒的基本工序，但是許多
特殊裝瓶就圍繞著橡木桶被
創造出來。從特殊木料製
桶、特製小型木桶，到單桶
裝瓶與原桶濃度，水果白蘭
地可以有許多不同變化。

保加利亞的蜜李拉基亞通常採無年份標示並混調裝瓶，Troyan 品牌推出每桶獨立裝瓶、不經過調配的蜜李拉基亞，每一批風味不同，也表現桶次間的品質差異。這個特殊裝瓶，呼應了白蘭地業界的風潮，也預示了特定水果白蘭地業界未來的發展方向。

原桶濃度（cask strength）也是白蘭地業界的重要裝瓶趨勢之一。原桶濃度的意思，並不是在烈酒裡沒有摻任何水，而是在裝瓶之前，沒有加水調整酒精濃度。

高濃度烈酒好喝的祕密，在於掌握製程工序。以諾曼第卡爾瓦多斯為例，蘋果新製烈酒的濃度約為 70%，通常經過 20 年桶陳培養，會自然下降到 64%，而不用摻水。然而這個濃度依然太高，而且需時太久，因此許多生產者都會在桶陳期間逐步加水，以免在裝瓶前單次添加太多水，大幅改變卡爾瓦多斯既有的風味結構。

為了滿足高酒精濃度裝瓶版本的市場需求，有些生產商推出「原桶濃度」版本，但是這些卡爾瓦多斯其實在製程裡，都曾經歷逐步添水操作，而這是讓原桶濃度烈酒好喝的祕密。

某些裝瓶濃度較高的白蘭地，是出於產品設計的濃度調降，度數通常會維持每個批次相同，而且濃度讀數通常會是整數。這些白蘭地就算濃度較高，也不見得會強調是原桶濃度。譬如匈牙利巴林卡的裝瓶濃度以 40% 為常態，但是42%、44% 也很常見。某些廠商偏好以 50% 裝瓶，特殊裝瓶濃度最高可達55-60%。

酒精濃度超過 48% 以上的裝瓶，在匈牙利俗稱「erős」，意思是特別濃烈。這類裝瓶可以有俏皮的名字，譬如酒精濃度 60% 的裝瓶，名為「Knock out」，是拳擊術語裡擊倒對手的意思，言下之意是要用酒精把你敲昏。通常酒精濃度愈高，就愈能將製酒水果的風味封鎖在烈酒裡，Zimek 的野杏桃巴林卡（55%）與馬哈勒酸櫻桃巴林卡（60%）都是實例。有時裝瓶容積較小，譬如 350毫升標準半瓶裝。

3

走進一座蒸餾廠：
聚焦不同製程

Focus on production
of different categories
# of brandies

每座蒸餾廠都不一樣，每種白蘭地的製程更是不同。我要帶你來趟紙上蒸餾廠之旅，走進不同型態白蘭地蒸餾廠，一探葡萄酒餾、葡萄渣餾、水果酒餾以及水果果餾等不同製程的奧祕。首先，我們來到法國干邑，聚焦葡萄酒餾白蘭地。

3-1 聚焦葡萄酒餾白蘭地

從葡萄壓汁到發酵成酒

葡萄壓汁：阿基米德有錯嗎？

是的，阿基米德的偉大發明，被禁用了。法國干邑生產法規規定，不得使用「阿基米德螺旋式連續壓汁器」。這是由於壓汁效率極佳，然而卻會壓破果籽，造成不良風味物質過度萃取。況且，干邑蒸餾所需的白葡萄酒酸度要夠，因此通常提早採收，未達完熟的葡萄果籽，風味物質更是生澀，絕對不能萃取出來。

傳統連續壓汁設備被禁用，如今無法在酒廠裡找到，只能在博物館看見它們的身影。圖為干邑產區賈赫納克（Jarnac）鎮上，Courvoisier 干邑博物館陳列的古董。

現在普遍使用水平氣囊式壓汁機，外觀看起來是一個橫躺、可以旋轉的不鏽鋼槽。有些葡萄汁收集槽是開放的，有時會以乾冰保護果汁。

蒸餾用的葡萄酒，跟直接喝的不一樣

絕大多數蒸餾用的葡萄酒，與直飲型葡萄酒不一樣。蒸餾用酒在進入蒸餾之前，仰賴天然酸度保鮮，所以通常刻意稍微提早採收葡萄，以保有充足酸度，此舉也有利於提高芬芳物質濃度。

在發酵製程思維方面，兩者也有不同。蒸餾用的葡萄酒，要依賴人工接菌來確保順利發酵，避免產生對於烈酒來說不良的風味。發酵的第一個階段是酒精發酵，就是得到酒精，讓果汁變成果酒；第二階段是乳酸發酵，把容易被微生物利用的蘋果酸，轉變成更穩定的乳酸，並且降低乙醛含量，讓品質更適於蒸餾。

發酵過程會產生一系列風味物質，有些不應出現，有些則不應太多。這個作用複雜的過程，需要縝密的微生物管理，確保風味穩定。管理酵母最主要的工具，就是溫度控制，而理想的發酵，通常可以透過發酵作用的天數與完成度來判斷。

發酵會放熱，發酵溫度必須控制在 30°C 以下，以免酵母失去活性，產生不良風味，甚至造成發酵停滯。發酵溫度控制在 22°C 上下，可以產生最宜人的果味，全程約莫 7 天完成。4 天之內完成算是太快，容易造成不正常升溫，出現不正常風味；10 天則太慢，容易讓乳酸菌提早作用，產生刺鼻氣味或不正常的果醋氣味。酒精發酵結束之後，後續的乳酸發酵，通常只需不到 5 天就能完成。

通常白葡萄汁每公升含糖量是 150 公克，發酵完成之後會下降到每公升 2 公克，葡萄酒的酒精濃度大約只有 9%。在干邑產區，待餾葡萄酒的濃度通常介於 7-12%，嘗起來清淡多酸；祕魯的「半發酵葡萄酒餾祕魯皮斯科」（Pisco Mosto Verde），則採用未完全發酵，含有殘糖的葡萄酒蒸餾，待餾葡萄酒嘗起來帶有甜味。

源自發酵的香氣，白蘭地裡也聞得到

如果使用風味中性的品種製酒，譬如干邑的白于尼，源自發酵的風味潛質相對含蓄；相反的，芳香型品種則各有鮮明的風味個性，譬

如祕魯與智利皮斯科的某些製酒葡萄品種，相關章節再來詳述。

以中性葡萄的發酵製程來說，人工選培酵母通常會賦予奶油麵包與蛋糕般的氣味，而且可以通過蒸餾，進入烈酒裡。待餾葡萄酒的發酵香氣，也表現為各式花果香，包括青蘋果、梨子、鳳梨、玫瑰、花蜜等香氣。如果新製烈酒有這些氣味，經歷短期培養之後，通常也足以保留下來。但是香氣並非愈濃愈好，譬如刺鼻的花香、化學藥劑般的氣味、青草般的青綠氣息，都算是品質問題。

透過蒸餾，從葡萄酒到烈酒

葡萄酒的沉澱物，可以一起蒸餾嗎？

使用帶有少許酵母沉澱物的葡萄酒蒸餾，或使用清澈葡萄酒蒸餾，又或者使用不同濁度葡萄酒蒸餾，會造成不同的品質與風味效果。

酒槽底部有泥狀酵母沉澱物。這些泥狀沉澱物非常容易揚起，所以酒廠通常避免用幫浦打酒。然而，廠商製酒經驗與風味傳統不同，有些蒸餾商習於部分帶渣蒸餾，有些則否——這也造就了不同廠牌風格。以干邑來說，Martell 堅持採用清澈葡萄酒蒸餾，以免酵母泥遇熱釋放物質，改變烈酒風味結構。然而，Rémy Martin 則偏好帶渣蒸餾，賦予乾燥辛香風味與圓潤飽滿的口感。這兩間廠商在帶渣與否的問題方面，壁壘分明，然而大多數的干邑生產商，比較接近 Hennessy 的中庸思維：利用「頗為清澈的葡萄酒」進行蒸餾——酵母新鮮，就適量帶渣蒸餾；如果酵母沉澱物色澤偏深，不夠新鮮，就不帶渣。

帶渣蒸餾的烈酒，含有來自酵母沉澱物的長鏈脂肪酸酯。新製烈酒雖然是透明澄澈的，但是加水調降酒精濃度之後，物質便會析出造成霧濁。

Bache-Gabrielsen 的酒窖總管 Jean-Philippe BERGIER 先生說，帶渣蒸餾的操作方法其實相當直覺，藉由拍打震動待餾酒汁貯存槽底部，讓細小的沉澱物揚起，以此決定待餾酒汁的澄澈度。但是不能拍得太用力！因為槽底有酒石酸結晶，用當地方言講，稱為 gravel，字面是「小石塊」的意思。如果這些結晶石進入蒸餾鍋，將縮短蒸餾器使用年限，因為干邑以直火蒸餾，原本就比蒸氣管加熱更易損耗銅質內壁。

另外值得一提的是「葡萄酒渣蒸餾白蘭地」（eau-de-vie de fine），通常以含渣濁酒蒸餾製酒，我們在 4-5 再來介紹。

帶你走進干邑蒸餾廠

蒸餾季節來臨，酒廠空氣裡瀰漫各種花香，風信子、玫瑰、紫羅蘭，幾乎像漫步在百花盛開的花園裡。一個完整的蒸餾批次大約需要 24 小時，只有關鍵時間點需要嚴密監控。我現在就帶你近距離觀察，干邑蒸餾運作過程的這些關鍵點。

蒸餾的第一步，稱為「進料」，讓葡萄酒進入蒸餾鍋。但是，5°C 低溫保鮮的待餾葡萄酒，直接進入蒸餾鍋，會由於溫差效應產生結焦。現代多數蒸餾設備都利用預熱器，讓葡萄酒與正在冷凝的蒸氣接觸，升溫至 35°C 再到 75°C。此舉也能節省加熱所需能源以及冷凝用水。預熱器可以節能、加速蒸餾進程，但風險是造成葡萄酒氧化。

待餾葡萄酒經過第一道加熱與冷凝之後，酒精濃度從 7-12%，提高到 28-32%。初餾所得的低度酒，法語 brouillis 字面意思是「滾沸所得到的霧濁液體」。經過第二道蒸餾程序取得的烈酒，濃度最高可達 72.4%。

蒸餾過程得到的烈酒並不是均質的，首先冷凝出來的酒段，濃度高達 78-82%，稱為酒頭，法語 les têtes 就是頭的意思。接著冷凝出來的是酒心，法語稱為 le cœur，意思就是心，外觀澄澈透亮，經過桶陳培養，就是日後的干邑白蘭地。但是這個階段只能稱為新製烈酒。收取酒心很仰賴感官經驗與操作技術，蒸餾師通常憑藉嗅聞，

Hennessy 的 Bagnolet 蒸餾廠；Tesseron 的蒸餾廠。

就能決定冷凝液的品質是否滿足酒心標準，否則也可以搭配測度比重決定。

接著酒心之後流出的，稱為酒次，法語 les secondes 就是「次級」的意思。有些酒廠視為酒次的酒段，在其他蒸餾廠卻可能被視為酒心末段的一部分。酒次雖然酒精少、雜質多，但是風味也多，有時會被少量收進烈酒。干邑產業裡會用 secondé 這個字，「帶有酒次風味」，來描述不夠純淨的表現。然而，烈酒是否帶有不夠純淨宜人的酒次風味，有時更像審美觀點不同，而不見得是黑白分明的是非對錯。

 ## 3-2 聚焦葡萄渣餾白蘭地

Buongiorno！我們紙上蒸餾廠之旅的第二站，來到義大利！

蒸餾用葡萄渣的特性

讓我們從「恰恰」開始！

義大利格拉帕是知名的葡萄渣餾白蘭地，參觀格拉帕蒸餾廠，你會先認識兩個「恰」。第一個恰，是待餾原料所含的果渣固形物，vinaccia，唸成維納恰；第二個恰，是待餾原料所含的少許果汁或葡萄酒渣，feccia，唸成費恰。也就是說，所謂的葡萄渣，成分包括葡

這瓶格拉帕是使用來自義大利東北部維內托（Veneto）葡萄酒產區的紅白葡萄渣混餾而成。

萄皮、葡萄籽、少量葡萄汁或葡萄酒，有時也含有果梗。

葡萄渣在葡萄製酒過程中，扮演重要的中介角色，包括提供酵母所需養分、賦予風味與顏色等，只不過，在葡萄壓汁或釀造完畢之後，葡萄渣就功成身退，成了副產物。這時，白葡萄渣或紅葡萄渣，都可以繼續利用製酒，而不見得是廢棄物。

葡萄渣其貌不揚，然而卻是風味物質蘊含豐富的蒸餾原料。相對於葡萄酒蒸餾來說，葡萄渣容易腐壞，無法長期保存，而且體積龐大，處理成本較高，但是產酒量卻較低。

葡萄渣可以分成兩大類，白葡萄渣與紅葡萄渣。在義大利，白葡萄渣也被稱為「甜葡萄渣」（vinacce dolci），因為白葡萄壓汁之後，發酵還沒開始，或者才剛開始，果渣與果汁就分離了，白葡萄渣因此含有大量糖分，運到蒸餾廠完成發酵，然後蒸餾取酒。紅葡萄渣則稱為「已發酵葡萄渣」（vinacce fermentate），因為紅葡萄酒的釀造過程，果渣與果汁浸泡在一起，發酵接近尾聲或完全結束才分離，紅葡萄渣算是含有紅酒的果渣。除了分開蒸餾，紅白葡萄渣也可以混用生產格拉帕。

紅葡萄渣的產能較佳。100 公斤的紅葡萄渣，通常可以生產 5-8 公升的純酒精；等重的白葡萄渣，卻只能製得 3-5 公升的純酒精。換算成半公升裝的格拉帕，大約有將近 30 瓶的紅葡萄格拉帕，以及將近 20 瓶的白葡萄格拉帕。

葡萄渣駕到！

蒸餾廠通常會與附近果農合作，取得葡萄渣。如果遠道而來，必

走進一座蒸餾廠：聚焦不同製程

剛運抵蒸餾廠的新鮮葡萄渣（vinaccia fresca），包括黑皮諾在內的某些品種，由於可能帶梗釀造，因此某些葡萄渣會帶梗，運抵蒸餾廠之後，先經過去梗，入槽繼續發酵，而後進入蒸餾。去梗機可以分離新鮮葡萄渣與混雜的枝條。精純的葡萄渣，只有果皮、果籽、少許汁液與微量的細枝條。

須趁涼爽的凌晨連夜驅車，最遠通常不會超過 400 公里，對義大利人來說，這不算太遠的路途。採收季節天氣燠熱，白葡萄渣在一天之內運到蒸餾廠，裝在一籃一籃的塑膠容器 cassoni 裡面，已經開始發酵，湊近一聞，可以察覺鮮明可辨的酒精氣味。這些葡萄渣必須在發酵槽裡繼續待上 2-7 天，完全發酵之後，才進入蒸餾程序。

新鮮葡萄皮適合細菌存活，傳統上都會盡速蒸餾，避免細菌滋生，降低製酒原料品質。然而晚近研究發現，雖然在 2-3 天之內進入

有些蒸餾廠不進行去梗處理，枝條與葡萄渣一起發酵與蒸餾。在蒸餾完畢的葡萄渣裡，可以明顯看到枝條。相反的，有些葡萄渣餾白蘭地的生產者，特別強調去梗，並作為消費者溝通的重點，譬如這張法國布根地葡萄渣餾白蘭地（Marc de Bourgogne）的酒標，Extra Égrappé 的意思是「完全去梗」。

打開葡萄渣發酵槽，取出葡萄渣，積在發酵槽底部的汁液，也會一起送去蒸餾。

除了大型不鏽鋼發酵罐之外，葡萄渣也可以在雙層的密封大袋子或特製槽具裡發酵與貯存。義大利語把發酵用的大袋子稱為 sacconi，複數是 saccone。在大袋子裡開始發酵的白葡萄渣，散發蒸氣凝結在袋子內側。

蒸餾，可以得到風味新鮮、清爽的格拉帕，但若保存恰當、避免氧化，葡萄渣經過 2-3 週貯存再行蒸餾，反而可以增加風味複雜度，幫助形塑個性。

格拉帕製程：連續蒸餾與分批蒸餾

葡萄渣經過發酵，可以用水蒸氣蒸餾，或直接加水輔助蒸餾，又或者添加葡萄渣量 1/4 的葡萄酒一起蒸餾，所添加的葡萄酒，其實是帶有酵母沉澱物的濁酒，扮演輔助蒸餾的功能，最多只佔最終烈酒 35% 的酒精成分，不是主要酒精來源。蒸餾濃度必須低於 86%，生產法規允許在沒有葡萄渣的情況下，進行二次蒸餾，但是收集濃度仍然必須低於 86%，稀釋之後的裝瓶濃度不能低於 37.5%。

蒸餾程序可以概分為兩大類：連續蒸餾與分批蒸餾，你可以複習

「傳統」暗指連續蒸餾，其實沒有分批蒸餾那麼古老。酒標上出現「Aquavite di pura vinaccia doppia rettificata」，意思是質純葡萄渣「雙重精製」烈酒，意指連續蒸餾。相反的，義大利語 Metodo artigianale 意為「工藝製程」，也就是分批蒸餾。

一下 2-2 相關內容。在義大利格拉帕蒸餾廠裡，連續蒸餾設備 24 小時不間斷運作，每小時處理 30 公噸葡萄渣，產能極大，但產品較缺乏個性，被戲謔稱為「工業格拉帕」。整個業界約莫九成都是連續蒸餾產品，包裝不會出現連續蒸餾字樣，更不會標示工業格拉帕，而可能標示「傳統格拉帕」。連續蒸餾雖是晚近誕生的技術，不過距今也已經有將近兩百年的歷史，美言稱之傳統，無可厚非。

分批蒸餾需要人工填料，以每批可以處理 400 公斤渣料的蒸餾器來說，每天運作 18 小時，最多可以處理 5-6 公噸的葡萄渣。白葡萄渣所需蒸餾時間較短，約莫 1.5-2 小時；紅葡萄渣則需 2-2.5 小時。分批蒸餾的耗損率比連續蒸餾可觀多了，平均損失 12-14% 的酒精，但是選擇分批蒸餾主要是看重風味個性，而不是量產。而如果要提高產量，不能按比例放大蒸餾器，因為參數關係不會一樣，烈酒風味也會不同。提高產能的唯一途徑，是擴大規模，譬如 Nonino 蒸餾廠，就有將近 70 個蒸餾鍋。

分批蒸餾三部曲：渣料初蒸、粗酒復蒸、冷凝切取

格拉帕的分批蒸餾系統有兩種，一個是外來的浸水加熱法，一個是傳統的蒸氣直接加熱法。原理都是先透過蒸氣直接或間接加熱，萃取葡萄渣裡的酒精與芬芳物質，再進入柱式蒸餾器蒸餾，然後冷凝取酒。簡單來說，就是渣料初蒸、粗酒復蒸與冷凝切取三個階段。

渣料初蒸後的酒精濃度大約是 10%，稱為粗酒。粗酒導入柱狀蒸餾器之後，會在蒸餾柱裡，通過約莫 8 個層板，以氣態與液態交替的

兩種不同蒸餾設備

相傳，古希臘時期的猶太瑪麗（Maria Giudea）是煉金術創始者之一。人們把幾項重要的發明都歸功於她，其中包括「隔水加熱」。如今，除了義大利語，法語也把隔水加熱稱為「瑪麗槽」（Bain-Marie）。義大利格拉帕生產商 Poli，以浸水加熱蒸餾器生產的一款有機格拉帕，便以此命名。

方式，逐漸上升，酒精度逐漸增加到 80%。然後分段切取冷凝液，稱為酒頭（testa）、酒心（cuore）與酒尾（coda）。以 400 公斤的白葡萄渣為例，大約會有 1 公升的初段酒，也就是酒頭；以及 20-25 公升的中段酒，也就是酒心；最後 6-7 公升的尾段酒，也就是酒尾。紅葡萄渣蒸餾，則有 1 公升的酒頭、30-35 公升的酒心，以及 8-9 公升的酒尾。

外來的分批蒸餾法：浸水加熱

對於義大利格拉帕業界來說，浸水加熱算是來自德國與阿爾薩斯的外來蒸餾技術，如今盛行於東北義重要的格拉帕產區佛里烏利（Friuli）與特倫提諾（Trentino）一帶。這種把葡萄渣泡在水裡滾沸的蒸餾，業界稱為 Bagnomaria，原意為隔水加熱，在此可理解為浸水加熱。

浸水加熱蒸餾製程，通常使用配有蒸氣夾套的蒸餾器。蒸氣夾套

浸水加熱系統裡，蒸餾器外觀有明顯厚度落差的部分，就是蒸氣夾套所在。

有些蒸餾廠的柱狀蒸餾器裡，只有 3 個層板，有些卻多達 9 個，這些都是影響蒸餾效果的變因。有些柱狀蒸餾器的層板之間設有「迅速通道」，打開閥門時，可以讓蒸氣略過其中兩道層板，保留更多風味。譬如蜜思加（Moscato）品種就很適合減少次數、相對溫和的蒸餾程序。

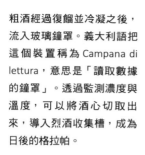

粗酒經過復餾並冷凝之後，流入玻璃鐘罩。義大利語把這個裝置稱為 Campana di lettura，意思是「讀取數據的鐘罩」。透過監測濃度與溫度，可以將酒心切取出來，導入烈酒收集槽，成為日後的格拉帕。

是蒸餾器外圍的雙層中空設計，可以導入蒸氣，間接加熱鍋中的待餾原料。準備蒸餾時，先填入葡萄渣，然後用水淹過，開始加熱蒸餾。

蒸餾器在進料時不會填滿，因為蒸餾時要有空間容納蒸氣。以容積 1200 公升的蒸餾器為例，只會填料 800 公升，其中包括 400 公斤的葡萄渣，體積大約是 600 公升，以及 200 公升的水輔助蒸餾。

初蒸所得的冷凝液，也就是粗酒，會進入柱狀蒸餾器復蒸，讓粗酒風味更加純淨、濃縮（義大利語稱為 disalcolazione 與 deflemmazione，意思分別是分離物質與去除水份）。這些蒸氣經過冷卻凝結，去頭去尾，收集中段冷凝液，得到的烈酒就是格拉帕。

第一道流出來的冷凝液是酒頭，濃度大約是 20%。當濃度上升至 55%，就可以當成酒心開始切取，濃度會繼續攀升到 80%，然後逐漸下滑到 60%；最後，從 60% 到 20% 都算是酒尾。收集的酒心平均濃度，最後通常落在 70-75%。有些酒廠會混合收集到的酒頭與酒尾，與下一批粗酒，一起在柱狀蒸餾器的底部以蒸氣加熱，有些酒廠則沒有這樣的操作。

位於東北義佛里烏利（Friuli）地區，烏迪內（Udine）南郊佩爾科托（Percoto）的 Nonino 蒸餾廠。

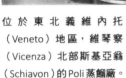

位於東北義維內托（Veneto）地區，維琴察（Vicenza）北部斯基亞翁（Schiavon）的 Poli 蒸餾廠。

傳統的分批蒸餾法：蒸氣直接加熱

　　東北義的維內托（Veneto）與西北義的皮埃蒙特（Piemonte），沿用了另外一種傳統分批蒸餾方法，以蒸氣直接加熱葡萄渣，而不是用浸水加熱的方式蒸餾。

發酵完畢的葡萄渣，堆放在蒸餾廠房中央，由螺旋輸送機裝填進料。

傳統蒸餾器裡，適當分隔葡萄渣，有利蒸氣穿透與萃取。裝填葡萄渣之前，先投入附有篩孔的籃狀層板，義大利語稱之 cesti，就是籃子的意思。

一個蒸餾器通常配有 4 個渣籃，蒸餾師循著投籃、填料、鋪平、再填料的次序，直到填滿待餾葡萄渣。

有些採用蒸氣直接加熱的生產商，相信鍋爐內相對低溫（105-106˚C）、低壓（0.3 個大氣壓）的環境，更有利完整萃取風味。在蒸餾的過程中，蒸餾器頂蓋邊緣不斷冒汗，並噴出烈酒。

水是蒸餾廠的重要資源，冷凝系統尤其需要大量冷水。排出的熱水可以回收熱能，進入蒸氣系統循環利用。位於斯基亞翁的 Poli 蒸餾廠，將熱水排出口設計成藝術作品等級的美麗風景；Nonino 蒸餾廠則更接近一般現實場景。

蒸氣直接加熱蒸餾完畢之後的葡萄渣，稱之 vinaccia esausta，意為「耗用完畢的葡萄渣」，可以加工生產肥料、飼料、燃料，提煉葡萄籽油、酒石酸、食用色素等。

傳統的蒸氣直接加熱分批蒸餾器，稱為 Caldaiette，字根 caldaia 的意思是鍋爐，加了尾綴就成了「小鍋爐」。葡萄渣所填入的初蒸容器裡，有佈滿網眼的隔板，蒸氣從底部導入後，會將揮發物質透過網眼，層層穿透萃取出來。粗酒經過柱狀蒸餾器淨化濃縮並冷凝切取之後，就會得到格拉帕。有時數個初蒸容器，會共用一個柱狀蒸餾器。

兩種分批蒸餾方法，孰優孰劣？

分批蒸餾相當普遍，有些酒廠使用浸水煮沸法，有些則使用蒸氣直接加熱，還有少數酒廠混用不同蒸餾方式。蒸餾方式會影響風味與風格塑造，通常使用蒸氣間接加熱的浸水煮沸法，由於升溫速度和緩，可以更精準去除酒頭，生產風味更細膩的格拉帕。皮埃蒙特（Piemonte）、維內托（Veneto）與佛里烏利（Friuli）地區，傳統使用蒸氣直接加熱的操作方式，如果操作得當，也可以精準去除第一道冷凝液。現今，兩種不同的分批蒸餾方法，都可以生產品質良好的產品。而如果裝填不當或蒸餾溫度太高，兩種設備都可能產生帶有焦味的格拉帕，會被視為製程缺失。

義大利格拉帕生產管理，在產量與稅金方面非常嚴格，從蒸餾器的管路、取酒系統到蒸餾完畢的烈酒暫存槽，都由主管機關套上特製藍色扣環，有些設計是用金屬棒，並押上肉眼無法辨識的編號。未稅酒庫也會上鎖，由廠方與官方各執一把鑰匙，同時在場方能開啟，或者由官方以金屬棒封鎖，開啟之後必須由官方代表重新封上。

3-3 聚焦水果酒餾白蘭地

Bonjour！歡迎再次來到法國！我們的紙上蒸餾廠之旅，現在繞回法國，我要帶你走進諾曼第卡爾瓦多斯蒸餾廠，一探世界知名蘋果酒蒸餾烈酒的製酒過程。

從蘋果壓汁到蘋果酒

把蘋果變成蘋果汁

蘋果質地較硬，不能直接壓汁，必須先搗碎、壓碎或磨碎。果皮富有風味潛力，所以不會削皮，

蘋果與梨子必須經過洗滌，才能進入壓汁程序，洗淨之後，經由輸送帶送去輾壓。站在輸送帶兩旁的揀選工人，會把壞掉的果實挑掉。

整粒連皮帶籽一起處理，然後壓汁發酵製酒。最古老的設備是用搗槌與石臼，後來發展出馬匹驅動的圓形石磨，果汁會沿著凹槽流出。如今，兼顧品質、衛生與效率的現代輾果設備，幾乎成了唯一選擇。

碾果之後得到渣泥（pomace），還必須以壓汁機分離果渣，才能得到發酵製酒用的果汁。早期盛行的垂直網柵壓汁器，將渣泥用棉布隔開，以人力驅動俗稱「阿基米德螺旋」的裝置。壓汁過程必須等速而緩慢，確保壓汁品質，不但較為費力，而且產能較差。從 18 世紀的木製螺旋，到 19 世紀的鐵製螺旋，再到 20 世紀的改良版，如今雖然仍有小型生產商使用垂直壓汁設備，但卻已經普遍被水平氣囊式壓汁機取代。

水平氣囊式壓汁器，外觀看來是個可以翻轉的橫躺不鏽鋼槽，裡面配有可

水平氣囊式壓汁器內部，可以看到佈滿篩孔的滾筒以及尚未充氣的氣囊。

蘋果與梨子製酒的發酵槽，最常見的是不鏽鋼與樹脂材質，水泥發酵槽反而少見。

以充氣的氣囊。渣泥進料後，不銹鋼槽翻轉，氣囊充氣，以溫和穩定的力道與速度壓榨，果汁壓出之後從下方流出。每噸蘋果得到600到750公升的高品質果汁，通常不會完全榨乾，因為過度壓榨，果籽裡的物質就會被萃取出來，帶來不良風味。壓汁結束後，果渣殘餘（marc）可以作為飼料或送往加工，生產果膠之類的副產品。

從蘋果汁到蘋果酒

壓榨所得的蘋果汁，通常會低溫靜置，待懸浮物浮到果汁表面，才從貯存槽下方開口，導出較為清澈的果汁，然後準備發酵。蘋果汁在發酵槽裡，會自然進入發酵，成為待餾蘋果酒（cidre à distiller），酒精濃度通常介於5-6%。

Boulard 蒸餾廠區的待餾蘋果酒貯存槽，在每年採收季尚未完全結束時，早熟蘋果品種已經採收、發酵完畢，準備蒸餾。

發酵進度大幅取決於冬天溫度，通常需時6到8週，如果是個寒冬，春天也來得晚，發酵程序會拖更久。早期業界的慣例是等到新年份蘋果酒出來之後，才會開始蒸餾前一個年份的蘋果酒，這是因為木製酒槽如果不裝酒，內部容易乾縮並造成滲漏。蘋果酒釀好之後存放半年，剛好會碰上每年六至七月的蒸餾季節，於是在蒸餾前稍事陳年，便成為傳統。但是在過去半個世紀以來，木製發酵槽逐漸被容易清潔維護的不鏽鋼槽取代，業界開始出現「鮮釀鮮餾」意識，

時代趨勢，鮮釀抬頭！

諾曼第卡爾瓦多斯生產者，若採用稍經陳年的蘋果酒蒸餾，通常會有更高濃度的「乙酸乙酯」，這是一種聞起來像化學溶劑刺鼻氣味的物質。有些生產商已經開始設法採用年輕、新鮮的蘋果酒蒸餾，避免這類風味產生。

Christian Drouin 家族蒸餾廠的年輕傳人吉優姆（Guillaume），兼採不同鮮度的蘋果酒蒸餾製酒，我們可以從三個不同的烈酒樣本，認識不同條件的待餾蘋果酒，與烈酒品質特徵之間的關係。

- 以 5 個月未經除渣的年輕蘋果酒蒸餾，得到的烈酒會帶有酒渣受熱所賦予的焦糖、麵包、堅果風味，整體風味印象圓潤。
- 使用發酵完畢 8 個月的蘋果酒，經過除渣再行蒸餾，會有更顯著的蘋果風味，口感架構較為立體，但是少了帶渣蒸餾的份量感。
- 發酵完畢經過 1 年陳放的蘋果酒，蒸餾後明顯帶有乙酸乙酯，這股氣味將會隨著桶陳培養而減弱，最後也將藉由調配，讓最終裝瓶不帶刺鼻風味。

卡爾瓦多斯的風味也隨之改變。

發酵程序會釋放來自不同製酒蘋果品種的風味潛力。待餾蘋果酒除了蘋果本身的果味之外，還會展現花草、辛香、草葉風味，有些會讓人聯想到薄荷。

如今，不鏽鋼槽成為常態，待餾蘋果酒的鮮度，成了形塑產品風格、創造多元個性的工具。如果取用新鮮蘋果酒蒸餾，果味特別豐沛、口感圓潤柔滑，適合作為未經陳年的 La Blanche 銷售，或作淺齡酒款的調配基酒；使用陳年蘋果酒蒸餾，則會得到酸香複雜的烈酒，通常更適合陳年，最終以高年數的老酒銷售。

從蘋果酒到蒸餾烈酒

蒸餾過程會冷凝得到不同品質特性的酒液，去頭去尾，取得酒心，經過培養，就是日後的卡爾瓦多斯。酒心在當地稱為 cœur de

20 世紀中葉的卡爾瓦多斯產區，在春天可看到機動式的小型蒸餾器在各個農家之間巡迴，然而如今多已退役。

早期的冷凝用水，多半直接汲取溪水，溫度不夠穩定，現在也已經禁用。如今蒸餾廠的冷卻用水，多半是封閉系統——經過熱交換之後的冷卻用水，導入附有風扇的淺底槽具，利用涼冷的空氣替熱水降溫。

chauffe，意思就是「加熱過程的核心區段」，或稱 la blanche，意為「白色烈酒」，通常會帶有豐沛的果香，與蒸餾過程加熱產生的乾果、花香與辛香。

奧日（Pays d'Auge）必須以銅質壺式蒸餾器，直火加熱，分批兩

尾段酒的氣味

尾段酒（Queues）多由沸點較高的物質構成，在切取時進入烈酒，便很難單憑蒸散作用消除。如果太強，就會描述為「帶有尾段酒風味」，被視為技術缺失。然而，酒頭、酒心與酒尾是相對的，酒尾風味是否太強，通常取決於整體表現。

酒尾氣味物質多樣，各廠的酒尾氣味不盡相同，不同蒸餾程序也有不同的酒尾風味，譬如以壺式蒸餾器分批蒸餾，酒尾氣味比較接近洋蔥，以柱式蒸餾器單道蒸餾，酒尾則帶有淡淡的小茴香氣息。

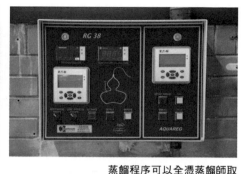

蒸餾程序可以全憑蒸餾師取樣嗅聞，決定酒心切取時機，融入一些獨有風格，或者直接設定程式，得到品質相對穩定的烈酒。由於每一批待餾蘋果酒品質不同，就算已經設定程式作為輔助，蒸餾過程也經常必需隨時介入。

道蒸餾，確保產品個性在可預測的範圍內浮動，風味不至太過中性。第一道蒸餾可以視為萃取，萃出酒心，法語稱為 petites eaux，字面意為「小水」，酒精濃度約為 28-30%。第二道蒸餾可以視為濃縮，最後得到濃度 69-72%的烈酒。若以 1 公噸蘋果釀出 600 公升，濃度 5.5%的待餾蘋果酒來算，要製得一公升酒精濃度 70% 的蘋果烈酒，需要 21 公斤的蘋果。

　　棟夫龍產區採用柱式蒸餾器，分批單道蒸餾製酒，最終取酒濃度只有 70-72%，屬特殊的柱式單道蒸餾工序。普級卡爾瓦多斯可採用柱式單道蒸餾或壺式兩道蒸餾，但是一般以柱式蒸餾系統為主流。

同樣是蘋果，命運大不同！

　　蘋果在製酒過程中，可以衍生出不同產品。蘋果汁可以直接裝瓶，只是附加價值較低，蘋果汁也可以加烈酒，就會變成波莫（Pommeau），可以當作餐前酒。

　　蘋果汁經過發酵，就成為含有碳酸的蘋果酒（cidre），根據殘留糖分多寡，可以分成甜型（doux）、微甜型（demi-sec）、干型（意為不甜，brut）幾種類別。

　　完整發酵的蘋果酒，去除碳酸之後，可用來蒸餾，稱為蒸餾用蘋果酒或待餾蘋果酒（cidre à distiller）。蒸餾之後就會得到蘋果酒餾烈酒（eau-de-vie de cidre），桶陳培養之後，若符合相關法規，就可以稱為卡爾瓦多斯。如果待餾蘋果酒被醋酸菌侵襲，就會得到蘋果酒醋（vinaigre de cidre），如果管理得當，甚至可以當作商品販售。

3-4 聚焦水果果餾白蘭地

　　歡迎來到東方巴黎——布達佩斯。我們在這個素有多瑙河明珠之稱的美麗都市集合，繼續紙上蒸餾廠之旅，這一站來到匈牙利。我們要探訪幾座不同的蒸餾廠，一探匈牙利各式果餾巴林卡的製程。

發酵前的處理與果碎發酵

　　不同水果在製酒之前，必須經過相應處理程序。譬如蘋果、榲桲必須洗淨、絞碎，而櫻桃與蜜李則要去籽。蘋果、蜜李與榲桲等，果粒堅實，可以洗淨；櫻桃、杏桃、葡萄等水果，由於通常超熟採收，果皮薄而脆弱，不適合以水清洗。

有些酒廠使用專屬洗淨台處理水果，圖中的榲桲洗淨之後，即將送入絞碎機。由於採收與進貨時間不同，已經完成檢驗抵達蒸餾廠的榲桲，有時會先浸泡在磷酸裡，等待下一批合格的批次抵達再一併處理，磷酸也能輔助後續的發酵程序。

　　滾筒去籽機內部的篩筒，可以根據不同果實的果籽，更換網眼尺寸。櫻桃籽小，就用篩孔較小的滾筒；蜜李果籽大，就用篩孔較大的篩筒。果肉與果汁分離出來之後，果籽與果核則將留在滾筒內。果核曬乾後，一部分會裝進棉布袋裡，一起投入蒸餾鍋，提升烈酒裡的堅果風味，其餘則可以跟木材一起作為蒸餾鍋的燃料。

　　水果處理完畢，得到幾乎像是果泥、果碎與果汁混合物之後，進

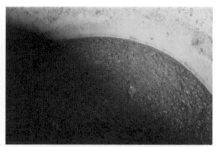

小型商業生產者會使用塑膠桶，大型生產者則用不鏽鋼罐。從塑膠桶裡可以看到蜜李果泥曾經發酵漲起，在桶壁內留下圈狀的乾涸痕跡。

入為期約莫一週的發酵。尚未發酵的果泥，稱為 cefre，等到果泥完成發酵後，酒精濃度約 5%，則稱為 gyümölcs cefre。在義大利，葡萄果餾烈酒（Acquavite di uva）的發酵製程與之類似，是使用去梗、破皮的整粒葡萄發酵 2-5 天，然後進入蒸餾程序。

帶核果實製酒，通常會有強度不一，來自核仁的衍生風味，經常表現為杏仁。由於果核含有脂質，因此，若是處理不當或使用過度，會讓巴林卡在裝瓶一年後，出現明顯的脂質氧化風味，聞起來就像是核桃油，屬於嚴重品質缺失。

使用葡萄以外的水果製酒，果膠被果膠酯酶催化產生的甲醇濃度普遍較高，如果使用帶核果實製酒，譬如杏桃、櫻桃，來自果核所含

且慢！先別開火！
蒸餾師打開閥門，將發酵完畢的蜜李果泥送進蒸餾鍋，準備開火蒸餾。且慢！先別開火，我們來嘗嘗待餾果泥，味道就像是風味清淡微酸、觸感黏稠有澀的果酒，與風味豐沛濃縮、口感明亮純淨的烈酒截然不同。你一定會驚訝於兩者的落差，由於芬芳物質與風味物質濃度與比例改變，蒸餾之後宛若醜小鴨變天鵝。

葡萄果餾巴林卡的製程，首先將葡萄去梗入槽，投入酵母並以透明塑膠布覆蓋，為期約莫一週半的發酵程序完成後，便可進入蒸餾。與葡萄酒餾不同的是，果渣也會一起加熱蒸餾。圖為 Brill 蒸餾廠，紅葡萄品種 Noah 的果碎，在塑膠槽裡已經撒上酵母，封上塑膠布，準備進行整粒發酵。

苦杏仁素分解而來的鹽酸濃度也會特別高，所以生產法規針對水果烈酒的甲醇含量濃度，以及帶核水果製酒的鹽酸濃度有特別規範。

容易腐敗的水果，譬如桑椹，要在採收後五天內發酵。桑椹採收也特別費工，必須在樹下鋪塑膠布，人工逐粒拾取。成本最高的還不是桑椹，而是像黑醋栗這類水果，製酒水果本身的成本，就高達每瓶 30 歐元。這也解釋了為何通常以蜜李或杏桃製酒，此外，葡萄由於含糖量高，也算是幾乎完美的製酒水果。讓我們用數字來看：100 公斤的蜜李可以製得 10 公升，酒精濃度 50% 的巴林卡；相同重量的葡萄，則可以得到 18 公升的烈酒。

巴林卡蒸餾程序

現在開火！一眼看不完的巴林卡蒸餾

現今的巴林卡蒸餾系統，包括壺式蒸餾與柱式蒸餾。傳統設備以直火加熱，不少酒廠都保留這項傳統，可以像 Erős 蒸餾廠燃燒木材，

Erős 蒸餾廠

Zimek 蒸餾廠

Brill 蒸餾廠

蒸餾柱上的把手，是層板閥門，可以根據不同水果品種、品質特性與風格設計調整，製得品質最佳化、符合期望的烈酒，這樣的設計被稱為「芳香蒸餾柱」（Aroma column）。

壺式蒸餾器，匈牙利語稱為 kisüsti，意為「小鍋子」，通常兩兩一組。初餾器通常比再餾器的容積大一倍，圖為 Erős 蒸餾廠，擁有兩組形式相仿的壺式蒸餾器，右邊兩個都是初餾器，蒸餾完畢打開鍋蓋，注入熱水清潔內部。蒸餾之後的果泥顏色加深，稱為 cefre hulladék，意思是「廢棄果泥」，從渠道排出，成為堆肥。

或者像 Zimek 蒸餾廠使用瓦斯爐。不過，蒸氣間接加熱漸成現代蒸餾設備的常態，譬如 Brill 蒸餾廠。有些酒廠則使用電熱蒸餾。通常直火加熱的蒸餾鍋有兩層結構，夾套之間填水，讓鍋內的果泥形同隔水加熱。

　　分批蒸餾製程，在第一道蒸餾後，可以得到濃度 20-30% 的低度酒，或稱粗酒。匈牙利語作 alszesz，字面意思是「基礎酒」，民間俗稱「伏特加」，這是早期積非成是的誤稱。

　　粗酒經過第二道蒸餾，首先冷凝出來的區段是酒頭，匈牙利語稱

低度酒送進形制較小的再餾
鍋裡，切取並收集酒心。

為 előpárlat，字面意思是「前段烈酒」，捨棄不用；接著可以收集得
到酒精濃度 70-75% 的烈酒，也就是酒心，是可以成為日後巴林卡的
新製烈酒，匈牙利語稱為 középpárlat，字面意思是「中段烈酒」。巴
林卡的蒸餾濃度，依法必須低於 86%，以充分保留製酒原料風味。

匈牙利果餾巴林卡的第二道
蒸餾，必須憑藉蒸餾師嗅
聞，來決定酒心切取，無法
單憑表訂時間或其他測試來
決定。這是由於批次之間並
不均質，必須逐批確認。第
二道蒸餾時，首先流出來的
冷凝液，也就是酒頭，帶有
刺鼻的指甲油氣味，如果被
收進來當成烈酒，就會被視
為風味缺陷。

切取出來的酒心，流入烈酒收集槽，成為日後的巴林卡。

酒尾明顯缺乏製酒水果本身的風味，有時聞起來像是麵包，或像玉米蒸餾烈酒的氣味。連續蒸餾設備得到的酒尾，酒精濃度高達 78%，比壺式蒸餾器分批蒸餾所得酒心的濃度更高；壺式分批蒸餾的酒尾酒精濃度只有 40-42%，稱為 Utópárlat，字面意思是「後段烈酒」。不論酒精濃度，只要是酒尾，就不適合當作巴林卡。

酒尾外觀霧濁，就算不濁，加一些水讓酒精濃度降低，雜質無法繼續溶解時，就會析出形成霧濁。

透過觀景窗，可以看到紅葡萄果碎在蒸餾鍋內的情景，以及透明蒸餾液在蒸餾柱裡反覆蒸發、凝結，逐層上升的過程。蒸餾師通常藉由調整熱能輸入，讓製程達到某種平衡。譬如藉由電子面板，讓蒸餾鍋裡的果泥，處於 103°C 微沸騰狀態。

壺式蒸餾鍋與柱式蒸餾器的搭配

壺式蒸餾器與柱式蒸餾器的製酒效果不同，貝凱希蜜李巴林卡的生產法規，甚至只允許使用壺式蒸餾器分批蒸餾，屬於特例。通常一座蒸餾廠可以兼採柱式蒸餾與壺式蒸餾製酒，並藉此作為形塑產品風格的工具。

Bolyhos 蒸餾廠的壺式分批蒸餾系統，其中一組初餾器容積是 500 公升，再餾器是 260 公升；另一組則為 800 公升與 400 公升。其中三個蒸餾器有輔助冷凝系統，能夠幫助淨化風味，但是其中一個初餾器卻沒有這樣的設計。

在蒸餾間取樣試飲，把酒「拆開喝」！

蜜李烈酒經過蒸餾柱，濃度可以高達 85%，輕盈芬芳，觸感柔軟，略帶焦糖風味。壺式蒸餾器則可製得濃度 70-75% 的烈酒，蜜李風味更加鮮明、寬廣而深沉，濃度較低，但觸感卻較粗獷。根據 1:2 的比例調配後，可有更佳的風味平衡，並藉此形塑最終產品的風味雛形。

品質！品質？品質。

　　匈牙利允許家庭自餾，民眾除了可以在市面上購買簡易蒸餾設備，也可以委託蒸餾廠代工。服務內容包括處理新鮮水果，或直接蒸餾。最便宜的方案，是把自己收集在塑膠桶裡的待餾原料，約好時間，送到蒸餾廠當場蒸餾。圖為匈牙利民眾帶到蒸餾廠的原料，隨即進入蒸餾鍋加熱。

　　優質的巴林卡，不但不能添糖，也必須要以果碎發酵，然而一般民眾不太遵循這些基本原則。用廚房設備絞碎水果，只是舉手之勞，但是蒸餾師說，多數民眾只在乎得到酒精，而不在乎品質。看著蒸餾鍋裡載浮載沉的果塊，果不碎，碎的是蒸餾師的心。根據過去經驗，甚至有人會收集吃剩的、壞掉的水果，丟進院子裡的塑膠桶，幾個月後，桶子裝滿了，再送來蒸餾。品質不佳的待餾原料，經過蒸餾會製得氣味相當刺鼻，聞起來像是化學溶劑、去光水的烈酒。

　　知名的 Bolyhos 蒸餾廠，就擁有三組蒸餾器，其中一組是由壺式初餾器搭配蒸餾柱組成，單道蒸餾取酒，製程約需 2 小時。另外兩組是傳統的壺式蒸餾器，經過兩道蒸餾，一個批次需要 5-6 小時。

匈牙利巴林卡蒸餾廠與義大利格拉帕蒸餾廠，兩者相似的地方在於，每一條管路、每一個容器，每一滴烈酒都嚴密控管，滴滴都要繳稅。蒸餾切取酒心時，烈酒會流入計量箱，內部設置像水車一般的精密滾輪，計算並紀錄液量。稅務官員來抄錶時，會打開計量箱底部的窗口，取樣量測酒精濃度，並根據上期與本期的數據推估純酒精產量，作為課稅依據。

Part 3

白蘭地世界
·
世界白蘭地

WORLD OF BRANDY
&
WORLD'S BRANDY.

在這一篇裡，我要帶你從寬廣的高角度，來看世界白蘭地。我會用簡要的文字敘述，提點每種白蘭地類型的要點，搭配展示超過400種酒款作爲實例，強化你對世界白蘭地的體系觀念，希望能透過豐富的視覺，加強你的印象，激發對白蘭地的興趣。

如果你在特定白蘭地的章節裡，沒有查找到所需的資料，不妨試著交叉對照閱讀。關於歷史的敘述，多半在〈代導論：白蘭地的歷史，歷史上的白蘭地〉已經提過；關於原料與製程的描述，則多半被寫進第二篇；包括干邑在內的白蘭地專題品飲，以及品味訓練、語言描述、侍酒技巧、調酒實務等內容，請參閱第四篇。

CHAPTER 4

世界葡萄酒餾白蘭地

World's Wine
Brandies

　　葡萄酒餾白蘭地，更正式的統稱是葡萄酒蒸餾烈酒（wine spirit），可以經過桶陳培養，也可以不經桶陳培養；因此不見得是棕色烈酒，可以是無色烈酒。我也將介紹「普級白蘭地」，英語稱為 Brandy，德語稱為 Weinbrand，則必須經過桶陳培養，屬於棕色烈酒。

　　葡萄酒餾白蘭地居於白蘭地體系的核心，本章將從法國干邑與雅馬邑開始，接著談保加利亞的拉基亞，乃至祕魯與智利皮斯科，並兼及各式葡萄酒餾烈酒與白蘭地。最後針對西班牙赫雷茲白蘭地與佩內德斯白蘭地做個專題介紹。

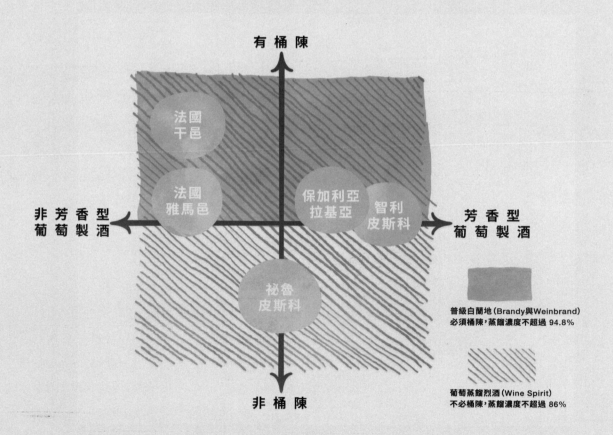

葡萄酒餾白蘭地概念圖譜

4-1 法國干邑白蘭地（Cognac）

　　干邑是個可以在一小時內徒步穿越的蕞爾小鎮，但是以此為名的白蘭地，卻不侷限產自干邑鎮周圍的葡萄園區，而是附近一帶佔地廣裹的葡萄園，都可以生產干邑白蘭地。干邑的葡萄種植面積，排名全法國第二位，僅次於波爾多，是全球最大的蒸餾用白葡萄酒產地。

干邑白蘭地風格的軸線

　　干邑風格取決於廠牌蒸餾特性、葡萄種植區、桶陳培養年數與橡木桶型等幾個因素。

廠牌蒸餾特性

　　有些廠牌特別強調不帶渣蒸餾，製得風味明亮純淨的烈酒；絕大多數廠牌則使用清澈葡萄酒，摻混不同比例的含渣葡萄酒一起蒸餾。白葡萄酒中的酵母沉澱物，在蒸餾鍋裡遇熱釋放出來的風味物質，賦予最終產品更多風味與酒體。帶渣蒸餾所得的烈酒，在最終調配用量較多時，就會出現奶油氣息，用量較少時，也會有烘焙糕點、烤麵包般的氣味。

葡萄種植區

　　干邑的生產製程條件有明確規範，而且受到保護。然而，干邑如今對外仍在捍衛「干邑」這個名稱標示，因為世上某些地方依然把干邑視為普通名詞，用以泛稱白蘭地。相對來說，干邑範圍內的葡萄種植區，名稱標示規範推行得相當順利。從 18 世紀中葉到 19 世紀初，產區差異獲得認同，劃出葡萄種植區，並成為品質規範的一環。

　　早在 17 世紀，市場就根據行情與成交價，替不同來源的干邑作出品質排序。隨著交易日趨頻繁，產地、品質與價格關係，成為必

要資訊。19 世紀，干邑產區地圖應運而生。當時的地質學者亨利·寇貢（Henri Coquand, 1811-1881），找來一位干邑酒商，讓他在不知情之下試飲不同園區收成葡萄製成的白蘭地，然後根據風味與品質，結合地質考察結果，畫分出幾個產區並加以分級。1860 年，這份地圖已經成形，並成為後來 20 世紀制定生產法規的參考依據。

　　干邑葡萄種植區劃分為大香檳區（Grande Champagne）、小香檳區（Petite Champagne）、邊界區（Borderies）、優質林區（Fins Bois）、良質林區（Bons Bois）與一般林區（Bois Ordinaires）。當這些名稱出現在酒標上，代表製酒葡萄完全來自該種植區。另外一個常見的標示是 Fine Champagne，代表製酒葡萄完全來自大香檳區與小香檳區且大香檳區比例必須過半，可以稱為「香檳區混調干邑」。不標示特定產區的產品，則可標示干邑生命之水（Eau-de-vie

法國干邑白蘭地產區

de Cognac）、夏朗德生命之水（Eau-de-vie des Charentes），或最常見的干邑（Cognac）。

大香檳區在人們心目中享有崇高地位，並有「干邑一級葡萄園」（Premier Cru du Cognac）的美譽。使用香檳區葡萄收成製酒，通常會有玫瑰與茉莉般的刺鼻花香，往往需要延長桶陳培養，熨平這股刺激的芬芳，磨圓固有的嚴肅口感。香檳區的干邑特別耐陳，裝瓶產品通常展現更加繁複成熟的風味。不過，優質林區才是干邑生產主力，而且蜜桃與白葡萄汁果味鮮明，特別宜人易飲。邊界區的干邑則以紫羅蘭、鳶尾花香以及紅色莓果風味個性著稱。

至於良質林區與一般林區，由於種植密度低，干邑產量少，品質也不特出，所以一般用於調配，較少獨立裝瓶。

來吧！一起在酒裡找花香

隨意拿一瓶單一種植區的干邑，然後專注尋找產區常見的花香，這會是個有趣，又有成就感的練習！

干邑各葡萄種植區製酒的花香個性潛力比較

種植區	常見花香	偶發花香
大小香檳區	玫瑰、茉莉	椴花、葡萄花、金合歡
邊界區	紫羅蘭、鳶尾花	葡萄花、金合歡
優質林區	椴花	葡萄花、金合歡

橡木桶型與桶陳培養年數

干邑生產法規明確規範橡木來源與桶型，必須使用歐洲細紋或寬紋橡木品種製桶培養，常見橡木來源包括特隆塞與利慕贊，而且必須是全新木桶與曾用來培養干邑的舊桶輪替使用，而不容許其他桶型。在實務操作上，酒廠會以全新或年輕木桶貯存新製烈酒，再將烈酒移注到舊桶，每個生產商都有專屬的「換桶操作」（la rotation）策略。

桶陳培養年數較低的年輕干邑，譬如 VS 與某些 VSOP，會表現出新鮮乾爽、花果風味豐沛的個性，偶爾會有洋梨般略為刺鼻的氣味，偶散發玫瑰、紫羅蘭、雛菊花卉氣息。果味通常會是年輕干邑的主導架構，來自桶陳培養的風味特性相對含蓄，最好的酒款通常在整體平衡之餘，還有更為繁複的風味層次。

隨著桶陳培養時間拉長，不同桶型帶來的風味影響更加顯著。在 XO 與某些 VSOP 當中，可以發現不同品種橡木，分別賦予削鉛筆般木質氣息，丁香與肉桂般的辛香，以及椰子、香草、水果乾與堅果風味。經過長期桶陳，經常出現含蓄澀感與老陳風味，法語稱之 Rancio，意為「陳舊」。優質干邑老酒，雖然不見得仍然保有年輕果味，但若擁有繚繞不絕的繁複層次，通常足以平衡餘韻澀感。

長期桶陳培養的 Extra 等級酒款，通常辛香豐沛，且富有花香、咖啡、焦糖等層次。大香檳區老酒，收尾通常堅實；邊界區老酒則綿密細緻。最好的干邑老酒，會在十足的陳酒風味之餘，依舊展現細膩、協調、明亮的個性，最好的例子包括 Frapin 與 Martell 在內等廠牌的 Extra 等級陳年干邑。

干邑果香變化，暗示不同年齡

干邑果香表現會隨桶陳年數增加而改變，此外，花香、木質香氣與辛香也都會產生變化。在桶陳培養 20 年之後，還會逐漸浮現陳酒香氣，並發展出特有的橘皮、百香果與杏仁等水果與堅果香氣。

＊年輕干邑＝杏桃、蜜桃、梨子
＊桶陳 10 年＝杏仁、榛果、核桃
＊桶陳 20 年＝葡萄汁、櫻桃、柑橘
＊桶陳 40 年＝椰子、百香果

綜合比較與評判標準

　　藉由綜合比較品飲，可以印證種植區與桶陳培養對干邑風味的具體影響。除了以下這些範例外，7-2 的〈品飲習題大補帖〉，還有更多以干邑為例的引導品飲與解說。

認識產區風格

　　香檳區 VSOP 等級的干邑，通常以花香為基調。Frapin 整體以含蓄的花香主導，由於帶渣蒸餾，所以在花香之餘呈現更多層次，酒體厚實，餘韻悠長。Hardy 品牌通常調配四個產區基酒，但也推出香檳區混調干邑，花香豐沛鮮明，在酒精辛香襯托下，層次相當豐富。Prunier 品牌的大香檳區干邑，果香、奶油、太妃糖香濃郁集中，觸感柔軟而頗有份量，帶有椰子糖風味。

　　同為 VSOP 等級干邑，若採用優質林區與邊界區葡萄製酒，果味通常更加豐沛。Courvoisier 廠牌的版本，雖然混調大小香檳區的基酒，但是優質林區的風格依舊鮮明，表現為鮮榨葡萄風味。Meukow 廠牌的版本則混調大香檳區與優質林區，兼有花香與豐沛成熟的果味，以及來自桶陳培養的乾燥辛香與薄荷風味，觸感柔軟溫和，勁道卻頗紮實，整體均衡良好。Camus 的版本，紫羅蘭般的花香奔放，邊界區特徵鮮明，還點綴肉乾、木質、薄荷風味，軟甜輕盈，果味豐富。

在老酒裡找陳味

綜合比較 XO 等級干邑，可以歸納桶陳風味走向。Courvoisier 版本的整體架構較為簡單，在果香之外，木質氣味顯著，乾爽溫和，尾韻出現烏梅與木質風味，些許澀感，但是微甜；與同品牌的 VSOP 等級比較，桶陳的風味印記更為明顯。Hennessy 的版本，有頗多烏梅、柑橘與糖蜜香氣，底層可可顯著，都是陳年風味標誌，伴隨奶油焦糖與太妃糖風味，風味變化繁複。Martell 的版本，相較之下，明顯甜潤許多，帶有強勁的糖香與紫羅蘭花香，充分表現邊界區的柔軟風格；收尾帶有乾燥果實與辛香風味，也是陳年風味標誌。

XO 等級的干邑通常帶有強度不一的陳酒風味，在相對繁複的風味背景下，陳酒風味通常仍然足以辨認。J. Dupont 的大香檳區干邑，帶有極佳的柑橘與花卉香氣，但是入口之後並不特別成熟；風味層次較少，架構顯得鬆散，很快出現慍烈觸感，收尾灼熱。這款 XO 的

香草、焦糖、微弱的可可與類似波特酒的風味,都屬於陳酒風味。Gautier 的版本,陳酒風味更為經典,表層有皮革、辛香,底層有肉桂與柑橘香氣,並逐漸發展出可可。Louis Royer 品牌則在花蜜、葡萄汁,以及辛香、胡椒風味之外,發展出烏梅、木質,柑橘陳皮風味,糖漬橙皮的風味持久不散,這些也都是陳酒的風味特徵。

　　大小香檳區的干邑,經過長期桶陳,通常會發展出橙花、茉莉等花香,以及桃子、果乾等香氣。Delamain 的大香檳區 XO,帶有含蓄而純淨的花香與柑橘香,溫和卻堅實,架構層次鮮明,風味繁複多變,收尾乾爽,餘韻悠長,果香、辛香、花香不斷。Rémy Martin 的香檳區混調干邑白蘭地,XO 版本以花香為基調,並有柑橘、辛香、

肉桂、果乾氣味。這兩款 XO 都鮮活地表現香檳區干邑的陳年風味特徵。

干邑的評判標準

整體平衡與風味複雜度，是干邑品質的關鍵。單一風味過於主導以致失衡，是常見的風味缺失。年輕干邑雖然不太會有來自木桶的刺激風味，但是慍烈的新酒氣息，包括皂味或刺鼻氣味，與酒精太過灼熱刺激，都是可能出現的風味問題。年輕干邑通常只要果味充足，就能夠接近應有的整體平衡。此外，蘋果、紙板、小黃瓜，以及刺鼻的醋酸或去光水的氣味，都是源自過度氧化的風味缺陷。

4-2 法國雅馬邑白蘭地（Armagnac）

法國雅馬邑白蘭地，名聲不如干邑，並非品質較差，而是地理條件遜於干邑，既沒有可供航行的河道，在歷史上也缺乏貿易重鎮。如今，時空環境改變，雅馬邑開始外銷，國際能見度逐漸打開，在法國當地的市場觀感形象，毫不遜於干邑。

雅馬邑除了標示為 Armagnac 之外，如果完全使用特定區域葡萄製酒，還允許標示種植區名稱，其中以「下雅馬邑」（Bas-Armagnac）聲譽最隆，其次是「雅馬邑—特納赫茲」（Armagnac-Ténarèze），種植條件最差的則是「上雅馬邑」（Haut-Armagnac）。

雖然上雅馬邑地勢較高，下雅馬邑地勢較低，但是命名並非根據地勢高低，而是另有典故。古時根據距離主教管轄區的遠近取名，轄區位於歐什（Auch），因此，庇里牛斯山脈周邊一帶，稱為上雅馬邑。

Domaine d'Espérance 與 Château de Lacquy 的單一年份裝瓶，都是個性鮮明的下雅馬邑白蘭地，兩者觸感都非常乾爽。前者的乙酸乙酯稍多，指甲油氣味被木桶氣味稍微遮掩，收尾澀感細膩綿長，屬於傳統老式風格；後者則屬現代風格，氣味純淨，酒感明亮，來自木桶的風味深沉，乾燥辛香尤其顯著，整體相當平衡。

此外，也要避免把名稱上下與品質高低聯想在一起。

至於特納赫茲，得名於拉丁文 iter Caesaris，意為「國王的道路」，相傳凱薩大帝沿著山脈稜線，繪出一條戰略道路，可以讓軍隊從東西兩個流域之間穿越向北。而這個名字到了 19 世紀末，在法語裡演變為 Ténarèze，開始被用來指稱上雅馬邑與下雅馬邑之間的區域。

法國雅馬邑白蘭地產區

雅馬邑－特納赫茲
Armagnac-Ténarèze

孔東
Condom

下雅馬邑
Bas-Armagnac

埃歐茲
Eauze

諾加羅
Nogaro

上雅馬邑
Haut-Armagnac

歐什
Auch

一杯酒同時住著小靈魂與老靈魂

雅馬邑通常個性粗獷，風味標誌鮮明，不但嘗得到酒精勁道，也富有來自原料與製程的繁複風味層次，包括花香、辛香、烘焙、水果乾、堅果與礦石風味，最常見的果香，包括李子、覆盆子與烏梅。

特別值得一提的是，雅馬邑經常出現玫瑰、風信子香氣，讓人聯想到麵包心與發糕，也常有優格、藥房、仙草氣息。這些風味源自雅馬邑獨特的蒸餾器，其實都屬於尾段酒風味，因此，濃度太高通常會被視為風味缺陷。不過，當這些風味與其他香氣處於良好平衡時，雅馬邑將充分展現獨特的典型個性。

剛蒸餾出來的雅馬邑新製烈酒，相當粗獷慓烈，但是帶有源自葡萄本身的豐沛香氣，偶爾也有蜜李般的果香與花蜜氣息。雅馬邑生產法規允許以「無色雅馬邑烈酒」為名，銷售不經桶陳培養的烈酒，法語稱為 Blanche Armagnac，意為「白色雅馬邑」。由於未經桶陳培養，花果香氣俱豐，但也因為不經桶陳培養，所以口感可能較為灼熱，餘韻非常乾爽。無色雅馬邑可能略帶新製烈酒常見的硫質氣息，但只要濃度不高，通常不會影響整體觀感。

桶陳培養時間較短的年輕雅馬邑，風味通常顯得堅硬嚴肅，隨著桶陳時間拉長，口感更為圓熟。長期桶陳培養或以老酒調配的產品，可能會有苦味與澀感，只要整體仍然平衡協調，就算是成功的作品。相同的道理，在配方裡的年輕雅馬邑，也不應該讓調配成品過於灼熱刺激。

雅馬邑常見的風味缺失，包括太過年輕，新製烈酒與酒尾風味太過顯著，顯得灼熱刺激；或者相反的，太過年老，因而顯得缺乏果味活力，甚至出現不宜人的苦味與澀感。然而，在雅馬邑白蘭地裡，確實應該同時嘗到年輕與年老的特質，只要彼此協調就好。這是因為兼採不同年齡的基酒進行調配，是雅馬邑地調配技藝的常態。一杯酒同時住著小靈魂與老靈魂，是雅馬邑的重要特徵之一。

品牌風味特性速寫

　　Samalens品牌普遍有很好的熟成度。VSOP裝瓶，柑橘果香豐盛，桶陳的木質與香草氣味與之均衡，口感柔軟，收尾乾爽不至於澀；XO裝瓶則有更多巧克力與焦糖香氣，辛香風味主導，綿延直達餘韻。較早期的XO裝瓶名為Réserve Impériale，是已經絕版的商品，外觀成色較深，帶有更多年輕烈酒氣息，同樣擁有良好的整體熟成，入口之後辛香強勁，鼠尾草、茴香與藥粉般的風味綿延不絕。產品包裝樣式與時俱進，有現代感的外觀，更能吸引消費者的目光。你能從瓶身外觀，一看就猜出哪一個是絕版的舊裝瓶嗎？

　　Chabot的Napoléon與XO裝瓶，皆有梅子般的果味，氣味純淨，口感紮實，在雅馬邑白蘭地的類型裡，屬於觸感豐厚的風格路線。

　　Château de Laubade經典裝瓶系列，以陳年風味為主軸，普遍帶有堅果、核桃、薄荷香氣，就連最低年數的裝瓶VSOP，也展現深沉多變的桶陳培養氣息，包括香草與木質氣息。不過，在良好的風味熟度之外，仍然保有年輕烈酒的活力，茉莉與蘋果等花果香氣豐沛，觸感相當明亮。XO等級以上，焦糖風味主導，口感豐潤，收尾非常乾爽，在複雜變化之餘，顯得較為嚴肅；

Extra 的辛香層次尤其繁複,焦糖風味更加深沉,口感如同 XO 豐潤飽滿,但是觸感更加細膩。

　　XO 等級的雅馬邑,通常有更深沉的木桶風味,但是具體表現不盡相同,通常是廠牌展現風格個性的工具之一。Château du Tariquet 的桶陳風味比較偏向香草與乾果,Damblat 則在香草之外,表現更多乾燥辛香與草本植物氣息。

　　雅馬邑比干邑更常推出年份裝瓶,有標示年份的雅馬邑,依據生產法規,必須至少經過桶陳培養 10 年。所謂年份,是指葡萄採收年

份，又稱為蒸餾年份。蒸餾年份的截止時間在隔年初春，所以實際蒸餾時間點不見得是葡萄採收年份。但這也是年份白蘭地的意義，有時足以反映特定年份葡萄收成的品質特性。

年輕的雅馬邑，包括 VS、Fine 或以三顆星標示的酒款，通常帶有相對更為慓烈的酒感，也會展現更多新酒的個性，包括杏仁、青檸與青綠氣息。

　　知名品牌 Janneau 兼採雅馬邑式連續蒸餾與壺式蒸餾器分批製酒，藉由培養年數、調配比例，甚至是葡萄品種，創造出風格統一，細節不同的產品線。VS 著重梅子般的年輕果味，木質風味含蓄；Napoléon 是該廠牌的得意之作，以壺式蒸餾烈酒為調配基礎；XO 則以連續蒸餾烈酒為調配基礎，花果香氣豐沛，觸感乾爽細膩，層次極為繁複。

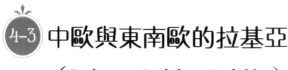

4-3 中歐與東南歐的拉基亞
（Rakya, Rakia, Rakija）

跨度寬廣，風格多變的拉基亞

Rakya 是個通稱，泛指盛行於中歐與東南歐的各式白蘭地。巴爾幹半島諸國，幾乎視之國飲。各國拼寫不同，但本質相近，多為葡萄與水果烈酒。馬其頓、克羅埃西亞、斯洛維尼亞與塞爾維亞的拉基亞，轉寫成拉丁字母都是 Rakija；塞爾維亞也會用西里爾字母拼寫為 Ракија。保加利亞以西里爾字母拼寫為 Ракия，拉丁字母拼寫則為 Rakya 或 Rakia。阿爾巴尼亞的 Raki、羅馬尼亞的 Rachiu，甚至在希臘克里特島東部，當地的葡萄渣餾白蘭地濟普羅（Tsipouro）也被稱為 Rakya，沒有本質差異。

鄰近文化圈裡，「rak」這個詞根，成了「酒」的符號，詞源來自土耳其語的 rakı，阿語借詞之後，衍生出阿洛克（arak）與拉基（al raki）等詞彙。隨著時間推移，阿洛克與拉基都已經演變成茴香酒，不再是白蘭地了。

至於如今屬於白蘭地的拉基亞，由於地域傳統、盛產原料、配方比例、蒸餾方式與法規要求不同，拉基亞雖是一個酒種，但卻有多樣化的風格變異。

保加利亞的拉基亞

保加利亞的拉基亞，當地稱為 Rakya（ракия），製程可以是葡萄酒餾、葡萄果餾或葡萄渣餾與非葡萄水果果餾拉基亞，水果渣餾則非常罕見。葡萄與李子是最普遍的製酒水果，此外還有杏桃、榅桲。這段聚焦保加利亞葡萄酒餾拉基亞，我們在葡萄渣餾、葡萄果餾與水果蒸餾的相關章節，再來詳談保加利亞拉基亞的其他形態。

保加利亞的葡萄酒餾拉基亞，採用芬芳型葡萄品種，以壺式蒸

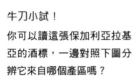
牛刀小試！
你可以讀這張保加利亞拉基
亞的酒標，一邊對照下圖分
辨它來自哪個產區嗎？

餾器分批蒸餾製酒，經常混合少許酵母沉澱物一起蒸餾。最佳產品帶有顯著的芳香型品種個性，香氣繁複，跨度寬廣，包括蘋果汁、微弱的青草氣息，到玫瑰般的花卉香氣與辛香。不同品種的香氣表現與強度都不一樣。常見的芳香型品種蜜思加，在保加利亞有許多變種與混種，常見的有玫瑰香氣強勁的保加利亞蜜思加與保加利亞紅蜜思加。保加利亞瓦爾納蜜思

保加利亞葡萄酒餾與葡萄果餾拉基亞產區

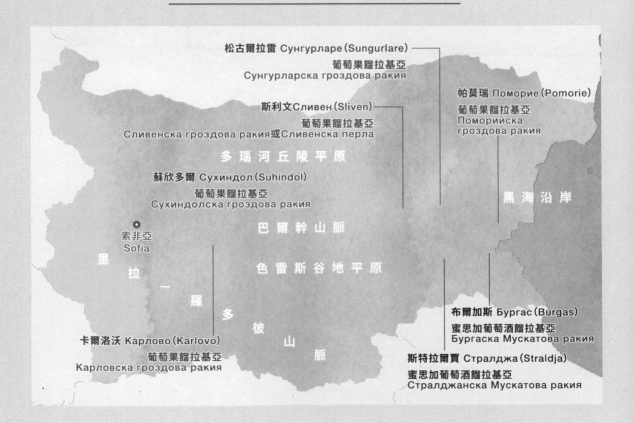

松古爾拉雷 Сунгурларе (Sungurlare)
葡萄果餾拉基亞
Сунгурларска гроздова ракия

帕莫瑞 Поморие (Pomorie)
葡萄果餾拉基亞
Поморийска
гроздова ракия

斯利文 Сливен (Sliven)
葡萄果餾拉基亞
Сливенска гроздова ракия 或 Сливенска перла

多瑙河丘陵平原

蘇欣多爾 Сухиндол (Suhindol)
葡萄果餾拉基亞
Сухиндолска гроздова ракия

黑海沿岸

巴爾幹山脈

索非亞
Sofia

色雷斯谷地平原

里拉－羅多彼山脈

布爾加斯 Бургас (Burgas)
蜜思加葡萄酒餾拉基亞
Бургаска Мускатова ракия

卡爾洛沃 Карлово (Karlovo)
葡萄果餾拉基亞
Карловска гроздова ракия

斯特拉爾賈 Стралджа (Straldja)
蜜思加葡萄酒餾拉基亞
Стралджанска Мускатова ракия

Black Sea Gold 廠牌的 Alambic 使用歐托內—蜜思加（Muscat Ottonel）品種，以銅質壺式蒸餾器兩道蒸餾製酒，經過保加利亞橡木桶至少五年培養熟成。

加（Varnenski Misket）與迪米亞（Dimiat, Димят）的香氣表現，則稍微含蓄一些。

拉基亞經常使用芳香型葡萄品種製酒，品評重點不在於口感的圓潤柔軟程度，也不在於桶陳培養風味，而在於製酒葡萄的品種個性呈現。最好的產品除了展現豐沛果香，還兼有風味層次與複雜度，通常沒有顯著甜味，而應表現鮮明卻溫和的酸韻。

由於使用極度芳香的葡萄品種製酒，芳香逼人，入口之後的風味

藏在字母裡的祕密

保加利亞蜜思加是 Misket（мискет），芳香型蜜思加則是 Muscat（мускат）。Ракия от мискет 或 мискетова ракия，意思是保加利亞蜜思加製成的拉基亞，мускатова ракия 則是芳香型蜜思加製酒。保加利亞蜜思加的香氣強度有時稍弱，有時則與芳香型蜜思加不相上下，香氣表現跨幅頗大。

藉由品嘗保加利亞當地，以蜜思加與迪米亞品種釀成的白葡萄酒，可以幫助理解品種製酒風味潛力與拉基亞的風味特徵。

保加利亞拉基亞，使用小型銅質壺式蒸餾器搭配蒸餾柱，分批蒸餾製酒，通常足以保留來自葡萄品種本身的風味特性。蒸餾鍋外圍是蒸氣加熱夾套。

強度容易顯得相對薄弱，有時整體架構甚至接近失衡，而且收尾特別淺短。然而，許多道地品牌與產品都有這樣的結構表現，除非極度失衡，否則普遍不被認為是品質缺陷。然而，最頂尖的產品都有更好的整體平衡，兼顧嗅—味覺之間的協調感。

幾乎所有的葡萄酒餾拉基亞都會經過桶陳培養，通常使用當地橡木製桶，有時也會使用培養過其他白蘭地的舊桶。桶陳之後的酒液成色通常不深，源自木桶培養過程的附加風味雖然足以辨認，卻不甚多。如果過度桶陳培養，只會白白失去年輕果味。相反的，某些蜜思加葡萄酒餾拉基亞，由於本身芳香突出，因此沒有桶陳培養，以無色烈酒形式呈現，完整呈現品種香氣，

愈大愈舊的木桶，帶來的風味衝擊就愈小，熟成效果也愈緩慢。酒廠通常會根據不同批次的需求與產品特性選用木桶。圖為 225 公升與 400 公升橡木桶，但是最大不能超過 1000 公升。

謎一般的多樣性

酒餾拉基亞的最高蒸餾濃度為 86%，稀釋裝瓶濃度必須超過 37.5%；果餾濃度最高為 65%，裝瓶濃度最低為 40%。現今的生產者，通常只蒸餾到 65-75%，雖然並未觸法，但是酒餾與果餾的分野，在現實世界裡變得模糊。此外，由於葡萄渣餾的市場觀感與評價較低，一般不太願意主動標示為渣餾。再加上市售產品幾乎都經過混調，可以採用桶陳培養或未經桶陳培養，葡萄酒餾或渣餾基酒作為調配，而且從酒標上不見得能夠看得出來。保加利亞拉基亞的多樣性，已經超過生產法規所制定的框架，雖然不見得違法，但是已經發展到如同謎一般的境界。

「Резерва/РЕЗЕРВА」就是 Reserva 的意思，可以譯為「珍藏」。這個用詞在各國法規定義與使用習慣不盡相同。

保加利亞拉基亞廠牌 Пещерска，用拉丁字母拼寫為 Peshterska。酒標上的 Отлежала，意指經過桶陳培養。

4-4 南美洲祕魯與智利的皮斯科 （Pisco）

祕魯與智利之間的禁忌話題

皮斯科，是祕魯與智利兩國之間的禁忌話題之一。一般相信，祕魯是皮斯科的發源地，名為皮斯科的海港城市也位於祕魯境內。然而，智利皮斯科在國際舞臺上的能見度更高。兩個國家都為了皮斯科而驕傲，但卻都為了皮斯科到底屬於誰的國飲而大起爭執。事實上，兩國皮斯科風格並不一樣，從原料製程的角度來看，甚至可以說是不同的東西。正由於激烈論爭，皮斯科備受關注與討論。

祕魯與智利皮斯科產區

利馬Lima

皮斯科市

伊卡Ica

祕魯皮斯科產區

阿雷基帕Arequipa

莫克瓜Moquegu

塔克納Tacna

智利皮斯科產區

埃爾基谷Valle de Elqui

利馬里谷Valle del Limarí

然而，鄰國玻利維亞的辛加尼（Singani）卻沒有一樣的好運。辛加尼是以芳香型品種製成的葡萄酒餾烈酒，在蒸餾之後兌水兌水調降酒精濃度，在型態上相當接近智利皮斯科，但卻不能稱為皮斯科，也不容易搭著皮斯科響亮名號的順風車，站上國際舞臺。辛加尼如今依然屬於地方性飲品，幾乎走不出玻利維亞。在白蘭地的世界裡，辛加尼注定成為最低調的白蘭地之一。

祕魯皮斯科的類型、葡萄品種與風味線索

祕魯皮斯科的生產區域，位於西南海岸線的沙漠地區，共有 5 個產區，由北而南依序為利馬（Lima）、伊卡（Ica）、阿雷基帕（Arequipa）、莫克瓜（Moquegua）與塔克納（Tacna）。傳統使用 8 種葡萄製酒，全是歐洲品系葡萄品種（Vitis vinifera）。

依據祕魯皮斯科生產法規，必須以銅質壺式蒸餾器組成的分批蒸餾系統，一次蒸餾到所需酒精濃度，也就是必須單道

蒸餾取酒，不能加水稀釋，也不能復蒸提高濃度。甫蒸餾完畢的烈酒，濃度必須落在 38-45% 之間。有些古老的壺式蒸餾器依舊存在，稱為 falca，與當今業界普遍採用頂部配有鵝頸的現代化壺式蒸餾器不同。

蒸餾完畢的新酒，俗稱 chicharrón，以祕魯當地傳統菜色「炸豬五花」命名。新酒相當慍烈，必須在不鏽鋼、玻璃或塑膠容器裡靜置，當地稱為 reposo，就是歇息的意思。經過至少 3 個月靜置休息，風味穩定後，才進入裝瓶程序。祕魯皮斯科沒有桶陳培養程序，外觀無色透明，可以充分表達品種原初純粹的風味個性。

祕魯皮斯科的 8 種歐洲品系葡萄品種，可以根據芬芳個性鮮明程度，分成兩大類：第一類是芳香型白葡萄品種，包括托隆泰、阿爾比亞與蜜思加，還有一種名為 Italia 的品種，姑且稱之意大利亞以便與國名義大利區別；第二類的芬芳個性較弱，或稱非芳香型品種，包括克布蘭達、黑克里歐（Negra Criolla）、莫雅爾（Mollar）與烏比納（Uvina）。

這些品種當中，有些是南美洲原生葡萄，有些則是西班牙人在 16 世紀，從加那利群島帶來的。黑克里歐是這些外來品種當中，少數的紅葡萄。18 世紀，黑克里歐變種產生克布蘭達，葡萄果串外觀特別繽紛，有紅的、藍的、紫的、綠的、粉色的，與黑克里歐很不一樣。西班牙語動詞 quebrantar 的意思是斷裂，克布蘭達由此得名，在當時被廣泛種植，今已成為祕魯皮斯科的主導品種。

非芳香，並非無香！
所謂非芳香型品種製酒，通常氣味非常微弱，以 Barsol 品牌的克布蘭達品種裝瓶為例，帶有非常含蓄的乾草、杏仁香氣，入口之後，發展出辛香、青綠風味。Viñas de Oro 品牌的克布蘭達裝瓶，則有更多果味層次，包括青檸、蘋果、蜜瓜與黃桃，但是香氣強度與個性表現，仍與芳香型品種製酒顯著不同。

祕魯皮斯科的三大類型

全發酵葡萄酒餾祕魯皮斯科

原文為 Pisco Puro，字面意思是「純淨」。顧名思義，這類皮斯科的風味是「純粹」的，使用單一葡萄品種製酒，足以表達品種原初純粹的個性。再則，風味「乾淨」，因為待餾葡萄酒經過完整發酵，殘餘糖分極低，在蒸餾鍋裡遇熱產生的風味物質較少。由於生產法允許使用 8 種葡萄品種製酒，但不能混用，所以這類祕魯皮斯科，可以根據品種作出 8 種不同變化。

半發酵葡萄酒餾祕魯皮斯科

原文稱為 Pisco Mosto Verde，字面意為「生青葡萄汁製成的皮斯科」，意指使用未經完全發酵，含有殘糖的葡萄酒蒸餾而成。這類皮斯科，可以使用法規允許的 8 種葡萄品種，擇一製酒。未發酵完全的殘餘糖分，在蒸餾鍋中遇熱會產生一系列風味物質，並進入烈酒。這類皮斯科的風味較為複雜，品嘗的時候，也會感受到紮實的結構與深沉的風味，觸感柔軟滑潤，最好的酒款也會展現細膩芬芳的風味個性。

Pisco Portón 廠牌赤紅色頸標裝瓶，是搭配非芳香型葡萄克布蘭達品種製酒，展現鮮明的杏仁與烤麵包氣味，入口之後，發展出草蓆般的青綠風味；靛青色頸標裝瓶，則是以非芳香型品種黑克里歐品種製酒，散發櫻桃果核氣息，點綴微弱的蜜李香氣，入口之後出現橘皮風味，收尾逐漸演變為茴香般的辛香。

以芳香型品種製酒，通常會有非常奔放的香氣。Pisco Portón 廠牌的托隆泰品種裝瓶，展現芫荽籽與玫瑰般飽滿的香氣，葡萄汁風味堆積，餘韻發展出鮮明的紫羅蘭，層次非常豐富；Barsol 廠牌的意大利亞葡萄品種裝瓶，則展現柑橘與風信子花香，入口之後，迸發紮實深沉的麵包氣息，收尾逐漸出現玫瑰。

調和式葡萄酒餾祕魯皮斯科

原文是 Pisco Acholado，意為經過混合調配的皮斯科，字根來自西語 acholar（混合）一詞。這個類型的調配手法很多樣，從混合不同葡萄品種，到調和不同的待餾葡萄酒，或直接取用皮斯科成酒混合調配，包括全發酵葡萄酒餾或半發酵葡萄酒餾皮斯科，都是生產法規所允許的。雖然沒有要求混合葡萄品種，但卻也已成慣例。每家生產商都有自己的祕密配方，讓自己的產品顯得獨一無二。

Pisco Portón 廠牌的調和式葡萄酒餾皮斯科，以非芳香型葡萄品種克布蘭達為基礎，混合包括托隆泰與意大利亞等芳香型品種製酒。表層香氣含蓄，逐漸發展出芳香型品種香氣特徵，入口立刻浮現花香般的麵包氣息，中段以芳香型葡萄帶來的玫瑰香氣主導，收尾逐漸發展出含蓄的茴香，觸感乾爽卻柔軟，以均衡協調見長。

葡萄品種：祕魯皮斯科的風味線索

品嘗祕魯皮斯科的時候，除了想一想不同類型的個性走向，不妨試著尋找源自葡萄品種風味個性的蛛絲馬跡。

芬芳個性較弱的品種，可能只會散發微弱的乾草、杏仁、堅果、草蓆般的氣味。但是有時也會飄出發酵與蒸餾程序賦予的巧克力、香蕉、無花果乾、烤麵包、黑葡萄乾與奶油焦糖的氣息。

芬芳個性鮮明的品種，則會帶來檸檬、柳橙、萊姆等柑橘果香，

橙花、茉莉花香，與繁複的白葡萄乾、芒果、鳳梨、蜜桃、堅果、香草、丁香氣息，甚至會讓人聯想到肉桂。芳香型品種製酒，並不代表香氣愈濃愈好，而應該在個性鮮明之餘，達到良好的整體平衡，否則會顯得刺鼻。相反的，如果使用芳香型品種製酒，但卻缺乏典型個性，通常暗示品質有問題。

芳香型葡萄	托隆泰 Torontel	白葡萄汁氣味、玫瑰、紫羅蘭、梔子花、茶香
	意大利亞 Italia	柑橘類果香、茉莉與玫瑰花香、麵包心的氣味
	阿爾比亞 Albilla	小黃瓜、香瓜、青綠氣息、香蕉、草本植物
	蜜思加 Moscatel	哈密瓜、蜂蜜、洋梨氣味、黃檸檬、香草
非芳香型葡萄	克布蘭達 Quebranta	燒烤堅果、杏仁、草蓆、乾草、烤麵包、青綠
	黑克里歐 Negra Criolla	櫻桃果核氣味、杏仁、辛香、橘皮、蜜李
	莫雅爾 Mollar	蘋果汁、草本植物、糖漬蘋果、蜜桃、蜜蠟
	烏比納 Uvina	草本辛香、綠橄欖、芒果、草蓆、乾草、香蕉
調和式 Acholado		各式辛香、果香、花卉與木質香氣

在智利的祕魯皮斯科：是皮斯科卻不能稱為皮斯科

　　在智利，皮斯科是受到保護的產品名稱。也就是說，祕魯皮斯科外銷到智利，可以標示祕魯產品，但不能稱為皮斯科，通常會改稱「葡萄蒸餾烈酒」，兩種可能的標示為 Destilado de uva 或 Aguardiente de uva，前者通常用於蒸餾濃度上限為 94.8% 的蒸餾烈酒，後者則用於蒸餾濃度低於 86% 的烈酒。不過，在這個情境下，兩個名稱已經失去原始意義，而且可能混用，因為祕魯皮斯科是葡萄酒餾烈酒，生產慣例是蒸餾至裝瓶濃度，必然同時符合兩種類型的蒸餾濃度要求。

　　Montesierpe 這個品牌的祕魯皮斯科，在智利境內就是如此。該品牌使用克布蘭達白葡萄品種製酒的版本，乾草與青綠氣息顯著，入口觸感溫和純淨，收尾浮現鮮明的小黃瓜青綠風味。

智利皮斯科的類型、葡萄品種與風味線索

　　智利的葡萄酒餾白蘭地稱為皮斯科，相同的名號，也可以是水果蒸餾白蘭地，在相關章節會個別介紹。智利葡萄酒餾白蘭地皮斯科，是以蜜思加品種，發酵得到待餾葡萄酒之後，分批蒸餾製得。蜜思加是一系列品種的統稱，不同品種風味個性不盡相同。然而，蜜思加製酒普遍富含　烯化合物，這是一類通常帶有玫瑰、橙花等花卉香氣的芬芳物質，也經常有檸檬皮屑與接近丁香的香氣。品質最好的智利皮斯科，不見得會有奔放的蜜思加香氣，但整體風味表現會細膩而均衡。

智利皮斯科的生產區域，集中在利馬里谷（Valle del Limarí）與埃爾基谷（Valle de Elqui），後者也以世界知名天文觀測站聞名，有些酒瓶因此星光點點。

Armidita 蒸餾廠位於瓦斯科谷（Valle del Huasco），該廠牌製酒風格特別芬芳，充分展現智利皮斯科的芳香性格，甚至將之推向極限。

多條軸線，交織出多樣化的智利皮斯科

特製等級的酒款，通常酒感溫和但不失份量觸感。Alto del Carmen 品牌在同類型產品中，風味頗富層次。

　　智利皮斯科生產法規，根據酒精濃度劃分四種級別：傳統皮斯科（Pisco Tradicional），也稱一般皮斯科（Pisco Corriente），酒精濃度為 30-34%；特製皮斯科（Pisco Especial）為 35-39%；珍藏皮斯科（Pisco Reservado）為 40-42%；極品皮斯科（Gran Pisco）則為 43-50%。這四種級別，再與不同桶陳培養時間交錯搭配，就可以交織出不同類型。製桶橡木品種可以是美國橡木、法國橡木，或兩者混用，又或者兼採智利原生品種製桶。智利皮斯科也可以不經桶陳培養，成為無色烈酒。

　　未經桶陳培養的智利皮斯科，稱為「透明無色皮斯科」（Pisco Transparente）。由於不帶桶壁接觸萃取賦予的風味，蜜思加品種香氣特別鮮明，通常表現為茉莉花香，以及淡淡的丁香氣息。某些蜜思加品種製酒，還可能會表現檸檬、葡萄柚等柑橘類果香，花香也會更

Bou Barroeta 廠牌、Doña Josefa de Elqui 廠牌與 Capel 廠牌的這三款皮斯科，濃度分別為 50%、45% 與 43%，屬於 Gran Pisco 等級。這些酒款通常不會用來製作調飲，而是純飲。

馥郁，比較接近玫瑰，而比較不像是茉莉。入口之後，通常會湧現飽滿的果味，包括蜜桃、青蘋果與乾燥香茅的風味。

白色力量的覺醒與崛起

全球烈酒品味潮流的循環，已經輪到無色烈酒抬頭。其實無色烈酒早已回歸，甚至形成風潮。智利皮斯科原就兼有無色與棕色版本，未經桶陳或桶陳後藉由過濾除色的無色裝瓶版本，如今更為風行，況且芳香型品種製酒，特別適合無色形式裝瓶，充分展現葡萄風味個性潛質。

照片所示這款 Lapostolle 皮斯科，混用兩個蜜思加品種製酒，賦予新鮮明亮、繁複多變的花果香氣。Malpaso 廠牌的無色版本珍藏皮斯科，是該廠最好的產品之一，蜜思加品種個性鮮明卻不刺激，帶有杏仁、麵包與鮮奶油香氣，適合低溫侍酒，展現綿密細膩的柔和觸感。Fuegos 則中規中矩，展現頗有層次的柑橘與玫瑰氣息。

桶陳培養至少半年，可以標示為 Pisco Guarda，字面意思是「看守皮斯科」。這類經過短暫陳年並好好看守，不讓別人喝光的皮斯科，如果使用法國橡木製桶培養，通常會帶來堅果、辛香、木質與花蜜香氣。美國橡木桶則會賦予柑橘、香蕉、棗乾、焦糖、香草與椰子氣味。有些生產者兼採當地原生的勞利木（Rauli）製桶培養，酒液成色通常較淡，甚至幾乎無色，有時會出現花香。

桶陳至少一年，稱為 Pisco Envejecido，意為「陳年皮斯科」，桶壁萃取上色之後，最淺至少會有金黃外觀。不論陳年時間長短，源自木桶的風味與烈酒本身的果味，在最好的產品裡會達到良好平衡。

Bou Barroeta 廠牌的這兩
款皮斯科，濃度 35% 的
Especial 等級，以勞利木
製桶培養 3 年，散發豐沛
的花卉香氣；濃度 40% 的
Reservado 等級，則經過木
桶培養 4 年，整體風味架構
更為飽滿深沉。兩款都標示
Envejecido 字樣，裝瓶時投
入葡萄樹莖，吸睛效果大於
賦味功能。

此外，還可以根據製程特點，區分出「古法」（Ancestral）與「經典」（Classical）。古法皮斯科是用釀造紅酒的方法，來釀造蜜思加白葡萄，也就是增加了浸泡葡萄皮的程序；經典皮斯科，則是用現代的白酒釀造方法進行發酵，取得待餾白葡萄酒，也就是直接壓汁，沒有浸泡葡萄皮。

綜合來看，智利皮斯科可以很多樣。依據酒精濃度區分出傳統、特製、珍藏、極品四個等級，搭配陳年時間有無與長短區分無桶陳、至少半年桶陳與超過一年桶陳等三種類別，再考慮古法與經典兩種製程，可以交錯搭配出不同類型的皮斯科，交織出不同的風味個性。

牛刀小試！來讀酒標囉！
Alto del Carmen 廠 牌 的
兩款皮斯科，濃度都是
40%，等級屬於珍藏皮斯
科（Reservado）， 但 顏
色外觀不同，未經桶陳的
無色版本標示為透明無色
（Transparente）。Malpaso
的兩個版本外觀相仿，皆
經桶陳上色，但濃度不同，
35% 的版本標示為特製皮斯
科（Especial），40% 的版
本標示為珍藏皮斯科。

智利皮斯科的風味特點

品嘗智利皮斯科的時候，如果出現較多皂味與乾草氣息，通常暗示蒸餾製程控管不夠完善，才會出現這些酒尾風味。智利皮斯科應該表現鮮明的蜜思加品種香氣，包括玫瑰、橙花、檸檬與丁香等，最好的酒款會有良好的風味平衡，而不會只有香氣，缺乏風味，或者香氣微弱不足以辨識。

Capel 以輕巧取勝　　El Gobernador 以協調取勝　　Waqar 以強勁取勝　　Alamo 以滑順取勝　　ABA 以深沉取勝

智利皮斯科的重要個性標誌是以芳香型品種製酒，但是最好的酒款不見得有強勁逼人的芬芳氣息。香氣與口感達到整體平衡，展現細膩觸感，創造獨特個性，才是最關鍵的品質要素。

4-5 世界其他普級白蘭地 與葡萄蒸餾烈酒

前面幾個部分介紹的干邑、雅馬邑、拉基亞、皮斯科，都是白蘭地，但卻不以「白蘭地」為名。你應該已經意識到，白蘭地有許多不同的名字！這一節要帶你見識產自全世界各地，讓人看得眼花撩亂的白蘭地！包括各國標示「Brandy」的白蘭地，以及稱為「火燒葡萄酒」（Weinbrand）的白蘭地，還有那些不同語言稱為 Eau-de-vie de vin、Acquavite di vino、Vinars、Aguardente Vínica 的「葡萄酒餾白蘭地」以及 Eau-de-vie de fine 與 Hefebrand 等，似酒餾而非酒餾的「酒渣蒸餾白蘭地」。

名為干邑、神似干邑,皆非干邑,然而都是「白蘭地」

有些白蘭地不產自法國干邑,卻被稱為干邑,這是由於「干邑」一詞在某些國家已經成為白蘭地的代稱,被當作普通名詞使用。

亞美尼亞、烏克蘭白蘭地酒標,都可能出現干邑字樣。早期烏克蘭白蘭地酒標上的 Коньяк,是根據法語干邑發音而來的拼寫,但瓶裡裝的是烏克蘭葡萄酒餾白蘭地,不是干邑。現代烏克蘭白蘭地,沒有打算銷售到歐盟國家的裝瓶版本,甚至還有直接以拉丁字母標示 Cognac 的例子,這些產品其實都應標示「白蘭地」,而不是干邑。亞美尼亞的 Ararat 與 Ara Jan,皆為標準的銅質壺式蒸餾器兩道蒸餾的葡萄酒餾烈酒,當地稱為「干邑」,但是外銷出口版本與國際慣例接軌,改以白蘭地標示。

有些白蘭地不產自干邑,也不稱為干邑,但是原料製程,甚至風味品質都接近干邑。譬如義大利特倫提諾(Trentino)的 Portegnac Brandy,使用高酸度中性品種拉卡林諾(Lagarino)製酒,個性潛質接近干邑的白于尼。世界上不乏這種「向干邑看齊」的產品,通常應該標示「白蘭地」。

「葡萄白蘭地」──兼容並蓄・百家爭鳴

以葡萄為原料的白蘭地,經常被稱為 Grape brandy,同時概括葡萄酒餾烈酒(wine spirit)與普級白蘭地(brandy 或 Weinbrand)這兩個範疇。在某些語境裡,葡萄白蘭地甚至可以用來指稱葡萄果餾白蘭地,亦即相對於非葡萄製酒的水果果餾白蘭地而言。在這層意義上,葡萄白蘭地包括了葡萄果餾與葡萄酒餾。然而,為了讓概念更加清楚,這裡使用的葡萄白蘭地一詞,只涵蓋葡萄酒餾的兩個範疇。即便

如此,這兩個範疇也已涵蓋頗廣,而且遍佈全球,顯得百家爭鳴。

魔鬼出在細節裡,細節藏在法規裡

歐盟法規下,葡萄酒餾烈酒與普級白蘭地這兩個術語所指不同。有些產品類型標示只是一種選擇,這些用字背後的含義不同,與桶陳培養要求也有關係。

葡萄酒餾烈酒(wine spirit)

不見得標示「白蘭地」字樣,但屬於廣義白蘭地,也被俗稱白蘭地。

蒸餾原料可以是葡萄酒,或專為蒸餾生產的加烈葡萄酒。另外,也可以把葡萄酒餾烈酒二次蒸餾。不論如何,基本要求是每個製程階段的蒸餾濃度都必須低於 86%,且不能混入酒精,添水稀釋後的裝瓶濃度,必須高於 37.5%。可以經過木製容器培養熟成並上色,得到棕色烈酒;若否,則為無色烈酒,稱為「葡萄酒生命之水」(eau-de-vie de vin)。雖然顏色跨度寬廣,其實生產規範整體限制較多,通常也被視為品質更好的葡萄酒餾白蘭地,干邑與雅馬邑皆屬此類。

法國干邑與雅馬邑,雖然也都符合更為寬鬆的白蘭地生產標準,但通常會被歸入「葡萄酒餾烈酒」,強調生產製程未混入酒精,而且蒸餾濃度較低。相反的,有些產品縱使符合「葡萄酒餾烈酒」生產標準,但礙於市場比較熟悉「白蘭地」這個字眼,可能寧願標示白蘭地。

俄式烈酒(Russian Hot Wine),原文為「Горячее вино」,意為「燒灼之酒」,傳統以裸麥、小麥或葡萄製酒。葡萄製酒版本在類型上屬於「無色葡萄酒餾烈酒」。俄國地處高緯,並非盛產葡萄的國家,多數標示為白蘭地的烈酒,其實不是真正的白蘭地。

白蘭地(brandy 或 Weinbrand)

酒標會標示「白蘭地」的白蘭地,可以稱為普級白蘭地。

法規所謂的白蘭地,姑且稱之普級白蘭地,生產要求比葡萄酒餾烈酒寬鬆,但必須是棕色烈酒,經過培養熟成。如果在大型木槽裡培

養，至少必須 1 年，如果在容積低於 1000 公升的木桶裡，要求門檻則只有 6 個月。普級白蘭地可以視為「葡萄酒餾烈酒的再加工品」，蒸餾濃度可高達 94.8%，風味更純淨、簡單，甚至可能出現非常純粹的酒精氣息，讓人聯想到胡椒與花卉。製程允許添加「由葡萄酒加工而成的烈酒」（wine distillate），混入一起蒸餾，但是這些添加的酒精成分，不能超過最終成品的一半。這些添入共餾的高濃度烈酒，通常以蒸餾柱連續蒸餾製得。

　　普級白蘭地的裝瓶濃度可下探至 36%，因此整體風味傾向以木桶主導，即使桶陳時間通常不長。風味架構相對簡單，通常不見長於繁複的層次變化，甚至連風味缺陷也很少見。不過，整體協調度顯得格外重要，品質關鍵經常取決於酒精與桶味之間的平衡。若是桶味與澀感稍多，往往會壓過原本就很迷你的酒體，以至失衡不夠協調。如果整體架構以純淨酒精風味主導，則通常顯得空洞，不會是最佳產品。

　　生產商通常會藉由賦味能力較佳的基酒，調配創造品牌標誌。這類產品大幅仰賴精準風味設計與卓越調配技術，雖然通常沒有產地標示，但是有些產品的水準，卻輕易超越某些帶有產地標示的白蘭地。

　　多數的普級白蘭地，不會標示特定原產地名稱，生產商總部地址也不見得就是葡萄原產地。然而「法國國產普級白蘭地」（Brandy français, French Brandy）的製酒葡萄，依法必須來自法國葡萄種植區。干邑或雅馬邑製造商，可以藉由這類產品線滿足特定市場需求，產品包裝通常以白蘭地字樣為視覺主要元素，可以寫成通用的「Brandy」、德語「Weinbrand」，在保加利亞等國，專供內銷或特定市場的裝瓶，甚至可以用當地的西里爾字母拼寫為「Бренди」。某些地方的常態是不標示國家名稱，譬如拉脫維亞 Latvijas Balzams 廠牌的白蘭地 Grand Cavalier，只標註 Brandy。

某些西班牙、義大利、德國與奧地利的葡萄酒餾烈酒或普級白蘭
地，當符合原產地生產法規要求時，可以附上原產地或原產國標示。
除了西班牙安達魯西亞的赫雷茲白蘭地與加泰隆尼亞的佩內德斯白
蘭地之外，常見的還有義大利國產白蘭地（Brandy italiano）、德國
國產白蘭地（Deutscher Weinbrand）、奧地利瓦郝白蘭地（Wachauer
Weinbrand）以及德國法爾茲白蘭地（Pfälzer Weinbrand）。

德國風情，重新定義原汁原味

　　德國普級白蘭地一般拼寫為 Weinbrand，有時也作 Branntwein。
許多生產商都遙奉干邑為宗，不但仿效使用利慕贊橡木製桶培養，也
從干邑產區輸入葡萄等製酒原料。

　　德國位於歐洲葡萄種植北界，葡萄酒與穀物酒的交接地帶，穀物
與葡萄彼此爭地，麥田佔據了平原，葡萄園發展受限，必須往地勢陡
峭的區域發展。葡萄產量相當有限，全供釀製直飲型葡萄酒，若要在
德國生產白蘭地，意謂須設法進口葡萄酒作為蒸餾原料。幸運的是，
世界上面積最廣的蒸餾用葡萄種植區，也就是法國干邑，就在不遠的

地方，往南則是素有「歐洲葡萄酒庫」之稱的義大利。

　　德國白蘭地產業，因此發展出看似弔詭，但卻再合理不過的現象──幾乎使用進口葡萄製酒，而不是在地葡萄。從這個角度來看，德國白蘭地幾乎沒有所謂的德國原汁原味，雖然高標準的製程與品質，已經足以視為德國正統印記。

　　然而，從葡萄品種、種植釀造、蒸餾製程，乃至產品風味個性，都顯得原汁原味的德國白蘭地，並非不存在。Schloss Vollrads 酒廠，採用來自萊茵高（Rheingau）產區的芳香型白葡萄麗絲玲，減壓蒸餾製酒，將品種風味與德國風情一併封存起來。

　　德國國產白蘭地名稱標示受到法規保護與管理，裝瓶濃度不得低於 38%。由於 Chantré 品牌裝瓶濃度只有 36%，因此不被允許標示為德國國產普級白蘭地，也沒有官方授權檢驗編號，但仍符合歐盟標準，允許標示為「普級白蘭地」（Weinbrand）。

義大利白蘭地：兩個兄弟，一個務實，一個浪漫

　　義大利白蘭地蒸餾業，早在 16 世紀就已發跡，但並未發展出特定的產區名稱，而是在歐盟框架下，區別葡萄酒餾烈酒（Acquavite di vino 或 Distillato di vino）與普級白蘭地。歷史悠久、最知名的白蘭地品牌，包括 Vecchia Romagna 以及 Stock。

　　義大利白蘭地經常出現「珍藏」（Riserva）、「極品珍藏」（Gran Riserva）字樣，Stravecchio 則是「極老」的意思，諸如此類標示，只是便於理解的行銷用語，沒有特定品質意義。所謂「極老」，通常會有 4-6 年的酒齡，以 Stravecchio Branca 為例，最年輕的基酒是 3 年，最老的是 10 年。

　　白蘭地與格拉帕在義大利經濟裡的地位不相上下，但是白蘭地的知名度較低，這是因為沒有發展出類似葡萄酒那樣細膩的產區系統。一般相信，白蘭地品質關鍵在於種植、釀造、蒸餾、培養與調配等環節，葡萄種植區相對不重要。蒸餾用葡萄酒主要產自義大利北部維內托（Veneto）、艾米利亞─羅馬涅（Emilia-Romagna）、特倫提諾─

上阿迪傑（Trentino-Alto Adige），以及南部的西西里島。葡萄品種也被認為相對不重要，因為多數生產商使用蒸餾柱連續製酒，蒸餾濃度控制在86%以下，足以保有葡萄本身的果味，但不足以彰顯品種個性。

設在米蘭、波隆那、杜林等北部大城一帶的現代化蒸餾廠，彷彿是義大利白蘭地產業的縮影，這些矗立在工廠裡的量產蒸餾設備，像是把所有可以攬在身上的浪漫與詩意，全都讓給了自己的同胞兄弟，葡萄渣餾白蘭地，格拉帕。

美日白蘭地——每日的，也是明日的白蘭地

美國與日本白蘭地，風格不同，但都有品質不錯、用途極廣的普飲款。以法國為首的歐陸傳統產國，悠久歷史造就了一套標示系統，這些名稱要求，在美國與日本都相對寬鬆，但生產技術卻又現代，於是造成一個現象——美日白蘭地的產品標示，通常運用縮寫字母，讓人直接與白蘭地產生聯想，但是產生不同的意涵趣味。

美國白蘭地標示的VS字樣不受法規限制，可以跟干邑一樣具有傳統意義內涵，也可以不是。Christian Brothers品牌使用波本桶熟成，

風味飽滿濃郁，充分展現美洲橡木桶賦予的香草與椰子等香甜風味印象。產品以 VS 命名，意為「非常柔順」（very smooth），與歐洲 VS 固有的詞義「非常特別」（very special）或「非常優質」（very superior）不一樣。

別以為日本只有傳統的日本酒與燒酎，日本還有精采的葡萄酒與啤酒，威士忌更不在話下。在產業群聚、業界交流下，日本白蘭地也將崛起。白蘭地品質並不取決於生產法規與歷史傳統這些外在條件，生產者的觀點與態度才是品質關鍵。日本就是一個很好的例子，日本

日本 Suntory 的普級白蘭地，酒精度 37%，酒標上的「ブランデー」為白蘭地的日語片假名拼寫。產品命名為 VO，足以讓人產生直接聯想，而又沒有違反等級標示規範，算是一個成功的命名案例。

已經在世界葡萄酒與威士忌版圖上佔有一席之地，在葡萄酒業與蒸餾業俱備的基礎上，只等著白蘭地隨著世界烈酒潮流回歸，日本白蘭地有朝一日也將大鳴大放，成為白蘭地的明日之星。

南非白蘭地：豐富的調配型態

南非白蘭地主要使用白梢楠與可倫巴品種製酒，知名品牌包括 Van Ryn、Klipdrift 與 KWV 等。KWV 已有百年歷史，南非語原文是 Koöperatieve Wijnbouwers Vereniging van Zuid-Afrika，意為南非葡萄

農合作社。荷蘭人在 17 世紀中葉，在南非殖民地種起葡萄，生產白蘭地。如今，南非白蘭地風格類型，一方面接近干邑，一方面也與澳洲白蘭地相似，以不同蒸餾製程所得烈酒作為調配基礎。然而與澳洲不同的是，南非沒有添加調味物的傳統。如今，南非白蘭地生產法規，定義三種型態的白蘭地：

- 壺式蒸餾白蘭地（Potstill Brandy）：配方必須含有至少 9 成的壺式分批蒸餾烈酒，容許使用最多 1 成的未經培養葡萄烈酒作為調配，至少經過 3 年桶陳培養，裝瓶濃度為 38%。

- 有年數標示白蘭地（Vintage Brandy）：必須含有至少 3 成的壺式分批蒸餾烈酒，使用連續蒸餾製得的烈酒作為調配，比例不得超過 6 成。所有調配基酒必須桶陳培養至少 8 年，裝瓶濃度為 38%。

- 調和式白蘭地（Blended Brandy）：配方含有經過 3 年培養的壺式分批蒸餾烈酒，通常佔 3 成比例；另外 7 成以連續蒸餾製得，而且未經桶陳培養的烈酒作為配方。國內銷售版的酒精濃度為 43%，外銷裝瓶的濃度則為 40%。

　　南非白蘭地生產法規，並未針對 VS、VSOP 這類標示文字進行規範，但也並未禁止，意義所指通常與干邑標準不同。目前還沒有劃定白蘭地產區，但葡萄通常來自國內重要的製酒用葡萄種植區，包括伍斯特（Worcester）、奧勒芬茲河（Olifants River）、奧蘭治河（Orange River）、布理德河（Breede River）與克萊因卡魯（Klein Karoo）。

KWV 桶陳培養 5 年的裝瓶，香氣以焦糖與香草主導，入口觸感圓潤但不滯重，收尾逐漸出現灼熱感。Van Loveren 的 Five's Reserve 裝瓶，香氣以柑橘與甘草主導，葡萄柚與木質風味持續到餘韻，觸感圓潤溫和。兩者裝瓶濃度皆為 43%。

澳洲不是只有無尾熊與葡萄酒

澳洲是葡萄酒生產大國，但是從白蘭地的角度來看，澳洲是傳統的白蘭地消費國，消費量多於生產量，主要產區集中在墨瑞河（Murray River）流域，這條河由東向西入海，新南威爾斯的格里菲斯（Griffith），一路往西，經過維多利亞的米爾杜拉（Mildura），順流進入南澳，倫馬克（Renmark）、貝瑞（Berri）、羅克斯頓（Loxton）與懷克里（Waikerie），乃至巴羅莎一帶的麥克拉倫谷（McLaren Vale）、阿德雷德（Adelaide）等葡萄種植區，都有生產白蘭地。

澳洲白蘭地可以使用銅質壺式蒸餾器製酒，也可以使用柱式蒸餾器連續蒸餾，兩種不同製程得到的白蘭地，可以單獨裝瓶，也可以調配之後裝瓶，並標示為澳洲調和式白蘭地（Australian Blended Brandy），風味最清淡的裝瓶，可以使用多達 3/4 的中性食用酒精調配，也就是蒸餾濃度最高可達 94.8% 的烈酒。

但是一般蒸餾濃度通常介於 74-83%，摻水調降濃度至 60% 左右，便會開始進行至少 2 年的培養。蒸餾程序通常決定了烈酒本身的品質特性，以及相應的培養時間與適合桶槽形式。裝瓶之前還會摻水稀釋，常見裝瓶濃度是 37%。近年來，在工藝蒸餾風潮影響下，包括琴酒在內的生產商，開始追求風味層次繁複變化，白蘭地也開始以不同的面貌站上舞臺。

葡萄酒廠牌 Penfold's 推出的白蘭地，採用銅質壺式蒸餾器分批蒸餾，以美洲橡木製桶培養，裝瓶濃度為 42%，裝瓶前添加了加烈葡萄酒，忠實傳遞了澳洲白蘭地的品味傳統，與近年興起的澳洲工藝蒸餾風潮彼此呼應。

似酒餾而非酒餾：酒渣蒸餾與半發酵葡萄酒餾白蘭地

半發酵葡萄酒餾白蘭地以「半發酵葡萄酒餾祕魯皮斯科」為代表，在本章第 4 節已經述及。這裡要補充的是「酒渣蒸餾白蘭地」。

葡萄酒在桶陳培養過程中，木桶底部逐漸累積酵母沉澱物，不論

是紅酒還是白酒，在某個階段都必須藉由換桶除渣，分離清澈葡萄酒與含有酵母沉澱物的酒渣。這個程序在英語稱為 racking，法語稱為 soutirage。殘餘在桶底的含渣濁酒，收集起來蒸餾可以製成「酒渣蒸餾白蘭地」，注意別與「果渣蒸餾白蘭地」混淆了。

在酒餾白蘭地製程裡，適量混用帶有酵母沉澱物的濁酒，可以增加風味複雜度，然而若以酒渣為主要蒸餾原料，就稱為酒渣蒸餾白蘭地，英文為 Lees spirits。但是更常見的是法語拼寫 eau-de-vie de fine，簡稱 Fine。在法語裡，質地細膩的酵母沉澱物稱為 des lies fines，Fine 即得名於此。德語則寫成 Hefebrand 或 Hefe Branntwein。含酵母沉澱物的混濁果酒，在某些地方不見得是葡萄酒，但最常見的仍是採用葡萄酒渣蒸餾製酒。在德語系國家，可以特別標示為 Weinhefe Brand，字面意思正是葡萄酒渣蒸餾烈酒，有時還會加註葡萄品種、產地名稱等資訊，譬如 Riesling Hefebrand（麗絲玲品種白葡萄酒渣蒸餾烈酒）、Mosel Hefebrand（摩塞爾產區白葡萄酒渣蒸餾烈酒）。

紅葡萄酒渣與白葡萄酒渣，都可以作為葡萄酒渣蒸餾白蘭地的原料，端視產區性質而定。有些葡萄渣餾白蘭地產區，以葡萄渣餾為主體，但也添加葡萄酒渣輔助蒸餾。從某種角度來說，可以視為混餾；相對於真正的多種水果混餾，在形態上仍然有顯著不同。

酒渣是含酵母的濁酒，用酒渣蒸餾製酒，其實等於使用含渣葡萄酒蒸餾製酒，在分類上接近葡萄酒餾烈酒。如果稍微講究中文翻譯，並考慮與「果渣蒸餾」的「渣餾」區別，我建議稱為「酒瀝蒸餾」，簡稱「瀝餾」，或者直接稱為「酒渣蒸餾」，但這時就要避免簡稱為「渣餾」，以免與「果渣蒸餾」產生混淆。下一個段落，你將會看到，含渣葡萄酒蒸餾製酒，以及葡萄酒蒸餾製酒之間，在現實世界裡原本就有灰色地帶。

歐洲經典葡萄酒餾白蘭地

除了干邑與雅馬邑，法國境內乃至歐洲各地，也有經典的葡萄酒

餾白蘭地。法國產品通常以 Eau-de-vie de
vin 命名，並附註原產地名稱。上文提到
的「酒渣蒸餾白蘭地」（Fine），縱使在
概念上屬於不同類型，但由於製酒原料含
渣濁酒也是葡萄酒，所以也常被視為葡萄
酒餾白蘭地。在現實世界裡，兩個名稱已
經出現混用——有些稱作「酒渣蒸餾白蘭
地」的產品，其實是不折不扣的「葡萄酒
餾白蘭地」！

　　在法國，知名度較高的包括：波爾
多葡萄酒渣蒸餾白蘭地，使用包括當地

法國葡萄酒餾／酒渣蒸餾白蘭地產區

馬恩省葡萄酒餾烈酒
Eau-de-vie de vin de la Marne

布根地葡萄酒渣蒸餾烈酒
Fine de Bourgogne

干邑
Cognac

布傑葡萄酒餾烈酒
Eau-de-vie de vin originaire du Bugey

波爾多葡萄酒渣蒸餾烈酒
Fine Bordeaux

隆河丘葡萄酒餾烈酒
Eau-de-vie de vin des Côtes-du-Rhône

雅馬邑
Armagnac

隆格多克葡萄酒餾烈酒
Eau-de-vie de vin originaire du Languedoc

佛傑爾葡萄酒餾烈酒
Eau-de-vie de Faugères

的榭密雍，以及白于尼、可倫巴等干邑製酒品種；布根地則使用在地品種製酒；另外就是香檳區的葡萄酒餾烈酒，使用夏多內、黑皮諾與皮諾莫尼耶（Pinot Meunier）等品種製酒。由於「香檳」一詞在法國烈酒領域，易與干邑的香檳區混淆，香檳產區的酒餾白蘭地因此稱作「馬恩省葡萄酒餾烈酒」。

羅馬尼亞葡萄酒餾白蘭地稱作「維納爾斯」（Vinars），

是干邑品牌白蘭地，不是干邑白蘭地！

法國干邑品牌 Martell 的 Blue Swift，使用美國波本威士忌橡木桶熟成潤飾的裝瓶版本，本質上屬於 VSOP 等級的干邑，但由於熟成操作不符當前生產法規要求，因此不能標示干邑出售。外銷裝瓶改標烈酒飲品（Spirit Drink）；國內市場則標示葡萄酒餾烈酒（Eau-de-vie de vin）。

羅馬尼亞葡萄酒餾白蘭地產區

伊比利半島葡萄酒餾白蘭地產區

綠酒產區葡萄酒餾白蘭地
Aguardente de Vinho da Região dos Vinhos Verdes

斗羅葡萄酒餾白蘭地
Aguardente de Vinho Douro

佩內德斯白蘭地
Penedès Brandy

洛里尼揚葡萄酒餾白蘭地
Aguardente de Vinho Lourinhã

里巴特茹葡萄酒餾白蘭地
Aguardente de Vinho Ribatejo

阿連特茹葡萄酒餾白蘭地
Aguardente de Vinho Alentejo

赫雷茲白蘭地
Brandy de Jerez

不妨直稱白蘭地就好。允許標示的原產地名稱包括：塔那維
（Vinars Târnave）、瓦斯盧伊（Vinars Vaslui）、穆法特拉（Vinars
Murfatlar）、 弗 朗 恰（Vinars Vrancea） 與 塞 加 爾 恰（Vinars
Segarcea）。

　　葡萄牙的葡萄酒餾白蘭地，稱為 Aguardente Vínica，是由「燒灼
之水」，也就是烈酒，與「葡萄」兩字組成，有時也簡稱為阿夸登特
（Aguardente）。位於伊比利半島的西葡兩國，白蘭地風格並不一樣。
葡萄牙經常採用連續蒸餾，製得本質輕盈純淨的烈酒。綠酒產區葡萄
酒餾白蘭地生產商，由於地利之便，會使用曾經裝過波特酒的橡木桶
培養，賦予濃密的觸感質地，與烈酒本質形成有趣的對比。

我們接著介紹西班牙知名的佩內德斯白蘭地（Brandy del Penedès）以及赫雷茲白蘭地。

佩內德斯白蘭地

西班牙東北部的加泰隆尼亞，既生產葡萄酒，也生產白蘭地，被稱為加泰隆尼亞白蘭地（Brandy Catalàn）或佩內德斯白蘭地。當地釀造氣泡酒的葡萄品種，帕雷亞達（Parellada）、馬卡貝奧（Macabeo）與沙雷洛（Xarel-lo），也都是白蘭地的製酒品種。這裡由於多山，環境涼冷，頗符合烈酒情調，然而白蘭地傳統卻相對晚近才孕育出來。殖民極盛時期，加泰隆尼亞人在海外從事蘭姆酒蒸餾業，然後將產品銷回國內。後來，白蘭地蒸餾業開展之初，便由於地緣之故，仿效法國干邑製程與風格路線，使用壺式蒸餾器分批蒸餾系統製酒，並採用法國寬紋橡木製桶熟成培養。

佩內德斯白蘭地的風格特點，可以說是介於干邑與赫雷茲白蘭地之間。由於佩內德斯白蘭地兼採傳統的單桶靜態培養系統，不見得完全使用索雷拉系統熟成培養，木桶組成也不是曾經盛裝雪莉酒的橡木桶，再加上蒸餾方式差異，與赫雷茲白蘭地明顯不同。與干邑相較，兩者皆採壺式蒸餾器分批蒸餾，通常也以法國寬紋橡木製桶培養，但是風味神韻其實不像干邑，佩內德斯白蘭地多了一分筋肉。然而，多了這一分豐腴，與赫雷茲白蘭地相比，依然算是細瘦乾爽。

年輕的佩內德斯白蘭地，花果香氣飽滿，偶有微弱的洋梨氣息，甚至有點刺鼻。典型花香包括玫瑰、紫羅蘭與雛菊。桶陳培養風味通常不會壓過果味，品質決勝點通常在複雜度。年輕酒款如果出現明顯皂味、酒精刺激，以至於抵銷果香，就算風味缺失。

經過長期培養之後，木質氣息愈來愈多，有時表現為丁香、肉桂，有時則是水果乾、燒烤堅果或椰子、香草，陳酒特有的香氣也會更加突出。老酒調配比例過高，可能會變得不適飲，甚至顯得乾瘦。成功的老酒裝瓶，必須擁有良好的風味複雜度，以平衡長期桶陳常有的澀感與苦味。

佩內德斯白蘭地比較品飲專題

Torres 是西班牙加泰隆尼亞產區，佩內德斯白蘭地的代表廠牌之一。

10 年裝瓶版本使用馬卡貝奧、帕雷亞達與沙雷洛品種製酒，以美洲橡木製桶組成的索雷拉系統，進行動態培養。表層散發梅子與堅果香氣，觸感甜潤卻輕盈明亮，收尾帶有綿長的香草與薄荷氣味。

20 年裝瓶版本使用白于尼與帕雷亞達品種製酒，使用法國利慕贊寬紋橡木桶，以傳統的靜態方式桶陳培養。酒液成色甚至比經過索雷拉系統 10 年熟成的版本更淺。表層的木質與乾燥辛香氣味顯著，整體觸感特別乾爽，香草、椰子、薄荷與烏梅風味繁複交織。

30 年裝瓶版本使用帕雷亞達與白福樂品種製酒，搭配索雷拉動態系統培養。這個裝瓶帶有明顯的陳舊氣味，包括李子、無花果、烏梅與皮革，這是棕色白蘭地經過長期桶陳培養的風味標誌，收尾的香草風味顯著，乾燥不失甜潤。

赫雷茲白蘭地

西班牙南部的安達魯西亞，有個葡萄酒產區生產雪莉酒，英文拼寫為 Sherry，西班牙語原文則拼寫為 Jerez，音譯為赫雷茲，讀音比較不接近雪莉。赫雷茲既生產各式各樣的雪莉酒，也生產白蘭地，稱為赫雷茲白蘭地。由於雪莉酒製程需要添加白蘭地中止發酵，赫雷茲白蘭地本質上是葡萄酒產業的延伸。如今，赫雷茲白蘭地生產商也都是雪莉葡萄酒生產商。

在歷史上，赫雷茲白蘭地最初使用當地的帕羅米諾品種製酒，隨著市場需求提高，如今也採用西班牙中部卡斯提亞—拉曼恰（Castilla-La Mancha）的葡萄品種艾連（Airén），在當地完成發酵與蒸餾，再將烈酒運至赫雷茲進行調配與桶陳培養。根據生產法規，培養必須在赫雷茲—弗朗特拉（Jerez de la Frontera）、聖瑪麗亞港（El Puerto de Santa María）與桑盧卡爾—巴拉梅達（Sanlúcar de

Barrameda）範圍內，也就是所謂「赫雷茲三角地帶」，有些生產商也在赫雷茲當地蒸餾。

赫雷茲白蘭地的蒸餾製程，可以兼採傳統壺式蒸餾器以及柱式連續蒸餾器，取得四類不同的蒸餾液，透過混用與調配創造廠牌風格。在類型上屬於「普級白蘭地」，因為部分烈酒的蒸餾濃度高於86%。

傳統製程的壺式蒸餾器共有兩種：首先是燃柴加熱的蒸餾壺，當地稱為 alquitara，另一種是蒸氣加熱的蒸餾壺，一般稱為alambique。一道蒸餾與兩道蒸餾可以分別取得酒精濃度較低與較高的兩種烈酒，濃度介於40-70%之間，都稱為 holandas。由於濃度可以雙雙控制在70%以下，本質上屬於歐盟法規當中蒸餾濃度低於86%的葡萄酒餾烈酒。現今搭配使用由蒸餾柱組成的連續蒸餾設備，藉由調整製程，可以取得蒸餾濃度高低不同的烈酒，分別低於與高於80%，濃度最高可達94.8%，用以調配成品，根據歐盟法規要求必須劃歸普級白蘭地。

由於赫雷茲白蘭地通常搭配蒸餾柱連續製酒，因此烈酒本質較為純淨、乾爽、輕盈。但是以雪莉酒桶熟成培養，最終成品頗為豐厚飽滿，尤其是相對於佩內德斯白蘭地而言。赫雷茲白蘭地的桶陳培養系統，以美洲橡木製桶，整齊堆疊數層，少則三、四層，最多可達十幾層。最底層的稱為 solera，西班牙語是「地面層」的意思，上層都稱為 criaderas，意為「育嬰房」，尚未熟成完畢的白蘭地，都在這些桶中繼續培育熟成。也因此，這個由木桶堆疊而成的熟成培養系統，全名稱為 Criaderas y Soleras，意為「培育層與地面層」。一般根據西班牙語地面層的原文音譯，並以小喻大，簡稱為「索雷拉」系統。

索雷拉的獨特之處在於動態培養。每當要裝瓶時，就從最底層的木桶取酒，每次最多只能取三分之一的量，一年最多取三次。取酒之後，就用上一層木桶裡的酒，逐層填補下一層的空缺。每一層的木桶裡，常年保有層層混合的酒液，最上層則注入最年輕的酒。葡萄酒總是彼此混合，自然達到均質，所以裝瓶之前，不需進行傳統意義上的調配。而且最底層的酒，不但經過了平均一層一年的長期培養熟成，

也由於不斷與其他殘餘老酒混合，可以達到加速與強化熟成的效果。

用於培養赫雷茲白蘭地的橡木桶，都來自培養雪莉酒的索雷拉系統，白蘭地經過這些木桶熟成培養之後，酒液成色跨度頗廣，從淡黃色、深金色到淺棕色都有可能，而風味樣貌則取決於年數、雪莉酒型態，以及廠牌調配風格之間的複雜交織。

總的來說，赫雷茲白蘭地最顯著的風味標誌就是豐厚飽滿，當地獨特的索雷拉培養工序，賦予核桃般的堅果風味、烏梅般的果味，有時也出現鮮明的巧克力、焦糖、太妃糖、菸草、鮮奶油與木質氣味。桶陳培養時間也是劃分等級的依據，從淺齡的「索雷拉」（Solera），到「珍藏索雷拉」（Solera Reserva），乃至培養時間較長的「極品珍藏索雷拉」（Solera Gran Reserva），上述風味特質也會隨之強化。

赫雷茲白蘭地比較品飲專題

González Byass 廠牌的赫雷茲白蘭地，名為 Lepanto Solera Gran Reserva，顧名思義，就是以索雷拉系統長期培養熟成。這個廠牌使用銅質壺式蒸餾器製酒，而且製程完全在赫雷茲進行，裝瓶濃度皆為 36%。

Lepento 的基本款，平均培養 12 年，散發柑橘、烏梅、香草氣息，入口之後，迸發出香蕉風味。Oloroso Viejo 的版本，簡稱 OV，得名於使用 Oloroso 雪莉酒桶延長三年培養，平均桶陳 15 年，散發典型的堅果與芹菜氣味，帶有明亮清新的酸韻。Pedro Ximénez 版本，簡稱 PX，使用 PX 型態的雪莉酒桶，延長三年培養，散發堅果與焦糖氣味，甜潤飽滿不失清爽，很快發展出葡萄乾、可可、茴香與無花果風味，餘韻由辛香主導。

相較之下，生產商 Osborne 的 Carlos I 品牌，以及生產商 Sánchez Romate Hnos. 的 Cardenal Mendoza，烈酒本質較為輕巧明亮，前者的桶陳特性表現為木質、人參、甘草氣息，後者則展現更多焦糖、可可、葡萄乾風味，酒液成色也更深。

一般壺式蒸餾器分批蒸餾潛在的風味缺失，包括脂肪酸酯帶來的刺鼻皂味，較少在赫雷茲白蘭地出現。觸感幾乎總是滑順圓潤，甚至軟甜，但收尾甜度不高，有時相當乾爽。來自雪莉桶的奶油焦糖、燒烤堅果風味，有時會加強甜潤的風味印象。常見的風味問題，包括長期桶陳培養，木質風味太旺盛，以至於出現澀感或苦味。相反的，若培養不足，則會出現特別燒灼的酒精觸感，風味融合度也會較差，缺乏一體感。

業界觀察：葡萄酒廠兼產葡萄酒餾白蘭地

並非所有白蘭地生產商都是「全職」白蘭地生產商，除了兼產各式烈酒的專業蒸餾商，兼產葡萄酒與葡萄酒蒸餾烈酒的例子相當常見。但是並非所有國家都允許在同一個廠區生產葡萄酒與白蘭地，也因此，有時必須在不同廠區進行不同酒種製程，但是最終以同一個廠牌的名義貼標銷售。

西班牙赫雷茲產區，由於生產加烈葡萄酒，葡萄酒製程需要白蘭地作為原料，自然形成兼產烈酒的產業生態。類似例子比比皆是，譬如保加利亞的 Black Sea Gold 廠牌，除了以芳香型葡萄品種蜜思加生產酒餾拉基亞，也以非芳香型品種迪米亞生產葡萄酒餾白蘭地，以及各式葡萄酒。斯洛伐克的 Château Topoľčianky 廠牌，以契約合作方式兼產葡萄酒與葡萄酒餾烈酒，該廠牌的芳香型白葡萄品種 Iršai Oliver 酒餾白蘭地，花果香氣豐沛，包括芫荽籽、荔枝、葡萄汁般的風味與橙花氣息；塔明那（Tramín červený, Traminer）品種製酒，則在花香之餘，展現較多的辛香。

世界葡萄渣餾白蘭地

World's Pomace
Brandies

葡萄渣餾烈酒俗稱葡萄渣餾白蘭地，必須完全使用葡萄渣製酒，不能混用其他水果。英文稱為 Grape marc spirit，或簡稱 Grape marc，就是葡萄果渣的意思。傳統的葡萄渣餾白蘭地是紅葡萄製酒副產物，然而，有些葡萄渣餾白蘭地卻使用白葡萄，而且可能使用芳香品種。

　　傳統葡萄酒釀造的殘餘廢棄物，經過回收再製，成為可以喝的飲料，而歲月沉澱、經驗累積，品質逐步提升，最終成了聞名世界的渣餾白蘭地。如今，為了取得品質良好的蒸餾原料，確保製酒品質，蒸餾商還得跟葡萄酒廠建立密切的合作關係。

　　本章首先將聚焦經典的義大利格拉帕，並接著述及歐陸其他傳統的葡萄渣餾白蘭地，包括法國、葡萄牙、西班牙、希臘、賽普勒斯、匈牙利，以及歐陸以外的渣餾白蘭地，譬如智利與美國渣餾白蘭地。某些葡萄渣餾白蘭地，當符合原產地生產法規要求時，可以附上原產地標示，在相關各節裡會再詳述。

葡萄渣餾、果餾與混餾白蘭地概念圖譜

葡萄渣餾

白葡萄 ←→ 紅葡萄

葡萄果餾

【葡萄渣餾】
1-只用白葡萄渣製酒(兼用品種或單一品種)
2-兼採紅白葡萄渣製酒
3-只用紅葡萄渣製酒(兼用品種或單一品種)

【葡萄混餾】
4-只用白葡萄皮渣、果碎、酒渣製酒
5-兼用紅白葡萄皮渣、果碎、酒渣製酒
6-只用紅葡萄皮渣、果碎、酒渣製酒

【葡萄果餾】
7-只用白葡萄果粒製酒(兼用品種或單一品種)
8-兼採紅葡萄果粒製酒
9-只用紅葡萄果粒製酒(兼用品種或單一品種)

葡萄渣餾白蘭地 (Pomace brandy)
範例：義大利格拉帕 (Grappa)

葡萄果餾白蘭地 (Grape brandy)
範例：匈牙利葡萄果餾巴林卡 (Szőlő Pálinka)

5-1 義大利格拉帕

在歐洲，格拉帕（Grappa）是義大利葡萄渣餾烈酒的專屬名稱，如果不在義大利境內生產，如果不以葡萄渣蒸餾而成，就不能標示為格拉帕。然而，由於義大利每個地方都有自己的傳統生產方式，所以除了上述條件與其他食品衛生要求之外，歐盟法規並未做出更詳細的生產規範，譬如葡萄品種等。

Grappa 一詞的本意是「葡萄果梗」，詞源來自日耳曼語系，現在普遍用來指稱義大利葡萄渣餾白蘭地。義大利東北部威尼斯方言裡，Graspa 是葡萄樹芽苞的意思，如今，南美洲的巴西也採用這個拼寫方式指稱葡萄渣餾白蘭地。

義大利有許多不同葡萄品種製成的格拉帕，而且也有產區劃分，有些是未經陳年的無色烈酒，有些則經過桶陳培養。格拉帕的種類雖然多到讓人眼花撩亂，但是最好的酒款卻彼此相似——都展現均衡、細膩、純淨的特質。

產區特性、類型與桶陳培養

義大利格拉帕的產區特性

義大利格拉帕主要產自北義，每個產區的葡萄種植環境，以及歷史人文背景都不一樣，各有特定風格走向，可以藉此略窺其多樣性。

東北部特倫提諾—上阿迪傑的格拉帕，通常具有芬芳細膩的特質，鄰近的維內托卻是風味繁複、架構鮮明，再往東行，佛里烏利（Friuli）產區內，使用多種葡萄品種製酒，兼有芬芳、複雜、豐厚等特質，儼如義大利東北部風格的綜合，但又多些深沉飽滿的質地觸

感。佛里烏利產區，新舊風格並存，傳統路線乾爽富有勁道，現代取向則柔軟多果味，甚至帶有花香，芬芳細膩，也因此，該產區顯得多元繁複。西北部皮埃蒙特（Piemonte）的格拉帕，則是架構恢宏、份量紮實、風味濃郁。值得注意的是，有些廠牌跨區採購葡萄渣，但是蒸餾操作不變，通常仍能充分表達產區與廠牌特性。

喜歡義大利葡萄酒的人有福了！

　　原產地的葡萄品種與蒸餾方式，是決定格拉帕風味特徵的重要軸線。品嘗時，可以循著線索找到風味根源，為品飲增添樂趣。花些功夫，不難查找所屬產區，譬如 Grappa di Arneis 產自西北義；特倫提諾、佛里烏利，以及 Grappa di Amarone，都屬於東北義的產品。皮埃蒙特是重要葡萄酒產區，當然也少不了葡萄渣餾白蘭地。稍微熟悉葡萄酒產區名稱，就不難辨認出 Grappa di Barolo、Grappa di Barbera d'Asti、Grappa di Dolcetto 與 Grappa Moscato d'Asti，這些格拉帕的葡萄渣來源。對於葡萄酒迷來說，這會是個很好的銜接與切入點。

　　你可能會在格拉帕酒標上，看到比較少見的葡萄酒名字。譬如維內托布雷岡澤（Breganze）產區，使用維斯帕優（Vespaiolo）葡萄品種可以製成 Torcolato 甜白酒。壓汁之後的葡萄渣經過發酵與蒸餾，可以製成同名格拉帕，帶有蜜棗、杏桃、葡萄乾、蜂蜜與肉桂般辛香。東北部艾米利亞—羅馬涅（Emilia-Romagna）的斯坎迪雅諾（Scandiano）產區，在地品種斯佩哥拉（Spergola）白葡萄渣，也可以蒸餾製酒。如果你熟悉義大利葡萄酒產區與品種名稱，面對格拉帕也會更得心應手！

若符合法規要求，格拉帕可以標註產地或特定酒渣類型名稱，有時候會以形容詞形式出現。義大利葡萄種植區遍及全國且酒種繁多，幾乎到處都可以生產格拉帕，但是法規尚未將每個產區來源與酒渣類型名稱，編入格拉帕產品標示法規。以下是既有的範例：

皮埃蒙特（Piemonte）	皮埃蒙特格拉帕（Grappa piemontese）
	巴羅洛格拉帕（Grappa di Barolo）
倫巴底（Lombardia）	倫巴底格拉帕（Grappa lombarda）
特倫提諾（Trentino） 上阿迪傑（Alto Adige）	特倫提諾格拉帕（Grappa trentina） 南蒂羅爾格拉帕（Südtiroler Grappa）
佛里烏利（Friuli）	佛里烏利格拉帕（Grappa friulana）
西西里（Sicilia）	西西里島格拉帕（Grappa siciliana）
	馬薩拉格拉帕（Grappa di Marsala）

義大利格拉帕產區風格

海神代言的特倫提諾格拉帕

特倫提諾—上阿迪傑的南部是義語區，北部則是德語區。在歷史上，這裡是日耳曼文化與羅馬文化交會之地。特倫提諾大教堂的兩個塔樓，一個是日耳曼風格，一個則是羅馬風格，恰似帶有義大利色彩的渣餾白蘭地，與帶有日耳曼色彩的水果白蘭地在當地共存的寫照。

城市名字 Trentino 源自拉丁語 tridentum，意為「三牙城」，影射特倫提諾周圍的三座山丘，偏偏 trident 是三叉戟的意思，又偏偏三叉戟是海神的武器，所以海神與三叉戟，便成了特倫提諾的城市象徵，也自然成了特倫提諾格拉帕代言人。特倫提諾格拉帕品質管理與名稱保護協會（L'Istituto Tutela della Grappa del Trentino）標誌上的三叉戟也是這個典故。

北義以外，亦有極品！

並非離開北義，就難尋格拉帕蹤跡。義大利中部葡萄酒產區遍佈，包括 Brunello、Brunello di Montalcino 與 Aleatico di Gradoli 在內產區，也都能夠將製酒副產物葡萄渣，蒸餾製成格拉帕。

義大利葡萄酒世家 Frescobaldi，採用旗下 Castel Giocondo 酒莊生產 Brunello di Montalcino 紅酒的殘餘葡萄渣蒸餾製酒，品種是桑嬌維賽（Sangiovese），香氣豐沛持久，純淨平衡，觸感尤其細膩。

義大利中部葡萄酒莊 Luce della Vite 與東北義維內托一帶知名的格拉帕生產商 Jacopo Poli 合作，兼用桑嬌維賽與梅洛兩個品種的紅葡萄渣蒸餾。使用法國細紋橡木製桶培養，辛香果味俱足，風味層次複雜多變。

雖然愈往南走，格拉帕愈是罕見，但 Fratelli Brunello 廠牌推出西西里島西南邊島嶼，潘泰萊里亞（Pantelleria）島上的濟比波（Zibibbo）白葡萄渣製酒裝瓶版本。濟比波是蜜思加在當地的別名，葡萄品種的別名愈多，通常代表歷史愈久遠、傳播地域愈廣，而這恰是蜜思加品種的寫照。

普級格拉帕通常只會標示 Grappa，不會標示原產地或葡萄品種資訊。但是可能出現「無關緊要」的附註，譬如「尊貴的葡萄渣」（Vinacce nobili）、「純正渣餾」（Grappa di pura vinaccia）、「精純格拉帕」（Fine grappa），都是不受法律規範的標示，不具實質意義。

格拉帕的型態分類

義大利格拉帕可以概分幾種類型：普級格拉帕、單一葡萄品種格拉帕與調味格拉帕。另外還可以根據是否經過桶陳培養，分出未經桶陳的無色格拉帕，以及至少經過一年桶陳的陳年格拉帕。

- 普級格拉帕：不會標示特定葡萄品種，通常只有 Grappa 字樣，管控條件較為寬鬆，葡萄品種與蒸餾方式都沒有特殊限制，有時會使用連續蒸餾設備生產。
- 單一葡萄品種格拉帕（Grappa di vitigno）：酒標會出現葡萄品種名稱，Nonino 品牌是這個類型的先驅，並將之取名為 Grappa di monovitigno。單一葡萄品種格拉帕曾經風行一時，目前稍微退燒，反而是普級格拉帕在市場上逐漸回溫。
- 調味格拉帕（Grappa aromatizzata）：通常使用植物原料進行調味，酒標會出現標示，酒瓶裡也經常浸泡根莖草葉，從外觀可以看得出來。

遊走在白蘭地界線上的花草格拉帕

　　飲品多元分化，往往是歷史悠久，深入文化肌理的寫照，北義日常生活少不了格拉帕，種類繁多，甚至還有不少香草植物調味版本，包括龍膽草（genziana）、芸香（ruta）、車葉草（asperula）與蕁麻（ortica）。雖然這些調味格拉帕不再屬於嚴格意義上的白蘭地，一般仍習慣稱之格拉帕，而不會稱之再製酒。這些香草植物浸泡調味的格拉帕，就這樣遊走在白蘭地與非白蘭地的界線上。一旦離開義大利，由於酒類知識普及程度不同，民情也有差異，同一款酒可能難以認定為白蘭地或再製酒，若是涉及利益，譬如稅金差異，問題將更棘手。

格拉帕製酒葡萄品種的風味潛力

義大利格拉帕常見製酒葡萄品種

白葡萄	紅葡萄
維爾第奇歐（Verdicchio） 維杜佐（Verduzzo） 歌雷拉（Glera） 米勒—圖高（Müller-Thurgau） 諾西奧拉（Nosiola） 塔明那（Traminer） 金黃蜜思加（Moscato Giallo） 特雷比亞諾（Trebbiano） 皮紐雷托（Pignoletto） 菲亞諾（Fiano） 格雷克（Greco） 狐狸尾（Coda di Volpe） 維門第諾（Vermentino） 維納恰（Vernaccia）	特洛迪歌（Teroldego） 桑嬌維賽（Sangiovese） 奈比歐露（Nebbiolo） 阿雅尼扣（Aglianico） 黑阿沃拉（Nero d'Avola） 內格羅—阿瑪羅（Negro Amaro） 斯奇亞瓦（Schiava） 黑皮諾（Pinot Nero）

如果格拉帕標示葡萄品種名稱，那麼不妨試著尋找源自品種的風味特性。通常以白葡萄渣製酒，會有細膩的花果香氣；芳香型白葡萄，譬如金黃蜜思加或塔明那，個性尤其鮮明。酒標偶爾也會標示「芳香型格拉帕」（Grappa Aromatica）的字樣，不妨細心體會香氣強度與整體平衡。

單一葡萄品種格拉帕，可以使用芳香型葡萄品種製酒，譬如蜜思加、格烏茲塔明那，來自品種的特定香氣，包括天竺葵、鼠尾草、麝香葡萄、檸檬、蜜桃等，通常相當常見而且極易辨認。然而，相同品種在葡萄酒與葡萄渣餾烈酒裡的表現不見得相同。譬如格烏茲塔明那品種葡萄酒，經常帶有典型的玫瑰、荔枝與花草茶般辛香，但是相同品種製得的格拉帕卻完全沒有辛香。

重新認識葡萄品種：不同酒種範疇，不同芬芳姿態

單一品種製成的格拉帕，不見得會展現相同品種在葡萄酒裡的氣味。重新認識品種香氣，是學習品嘗格拉帕時的重要功課。尤其是芳香品種製成的單一品種格拉帕，是探索芳香型葡萄風味潛力的有趣習題。除了已經提及的格烏茲塔明那，另外一個例子是蜜思加。當製成格拉帕時，其典型標誌是香蕉氣味，但是蜜思加品種白葡萄酒卻沒有香蕉氣味。

Pilzer 蒸餾廠使用浸水加熱蒸餾設備，搭配蒸餾柱淨化風味，以特倫提諾的金黃蜜思加、玫瑰蜜思加（Moscato Rosa）等品種製酒，風格特別純淨芬芳。Polvaro、Fratelli Brunello 與 Nonino 廠牌，皆使用蒸氣直接加熱的傳統蒸餾製程，格拉帕風味顯得飽滿深沉。在這些例子當中，不論是否標明葡萄渣來源、不論使用何種蒸餾設備製酒，凡以蜜思加品種白葡萄渣蒸餾，總是帶有強度不一的香蕉氣息。

單一葡萄品種格拉帕也可以使用非芳香型，或半芳香型葡萄品種製酒，包括歌雷拉、菲亞諾、格雷克、米勒―圖高、狐狸尾與麗絲玲，在這些情

Nonino 的其中一款格拉帕，採用普羅賽克（Prosecco）葡萄渣製酒，品種以歌雷拉白葡萄主導，渣餾製酒通常帶有辛香氣息。

況下，格拉帕不見得會有足以辨認的品種風味特性。有些品種，像是諾西奧拉與特雷比亞諾，在釀造白葡萄酒時，不見得有顯著風味特徵，然而製成格拉帕卻可能出現榛果香氣。使用這些相對不太芬芳的品種生產格拉帕，雖然不見得會有明確的風味標誌，但是根據經驗歸納，這些格拉帕可能帶有青綠的草本氣息，或樹脂與木質氣味，蘋果、蜜桃等果味，菸草、茴香等辛香。

夏多內品種進行渣餾，通常會有蘋果、榛果與花卉香氣，蘇維濃製成的格拉帕，則可能出現青綠氣息、花卉香氣與讓人聯想到汽油的白松露氣味，譬如來自佛里烏利的白蘇維濃就是如此，只要整體平衡，通常不算風味缺失。如果採用來自維內托的白蘇維濃品種製酒，格拉帕風味通常會較為中性。

許多格拉帕不見得標示製酒品種，或者使用常見的紅葡萄品種桑嬌維賽製酒，品嘗這些產品時的第一要務，不是尋找品種個性，而是評判整體和諧感與風味純淨度。因為這類格拉帕的風味跨度可以很廣，從莓果、漿果般的果味，到可可與各式辛香。

義大利葡萄酒產業過去經歷了一場「文藝復興」，開始廣泛種植不少國際葡萄品種，包括梅洛、夏多內與白蘇維濃，這些葡萄也成了渣餾製酒的常見品種。

未經桶陳培養的無色格拉帕，理應特別純淨多果味。有些生產者會根據葡萄品種特性，微調蒸餾程序，以充分展現品種風味特徵，展現最佳均衡。

格拉帕與桶陳培養

　　未經桶陳培養的格拉帕，稱為 Grappa Giovane，意思是年輕格拉帕。常見說法還有 Grappa Bianca，字面是白色格拉帕，意指無色格拉帕。

　　格拉帕如果經過 12 個月桶陳，可以稱為 Grappa Invecchiata，意為陳年格拉帕；經過 18 個月培養，則可稱為 Grappa Riserva，意為珍藏格拉帕，或稱 Stravecchia，意思是極老。至於 Gran Riserva，意為極品珍藏，雖然這是常見的標示，但業界目前沒有相關規範。這些標示全憑自由心證，也可以說是行銷工具。

　　經過桶陳培養的格拉帕顏色通常不深，因業界慣例是使用舊桶，不會賦予太多顏色。然而，也有生產者仿照干邑慣例，使用法國利慕贊寬紋橡木製桶培養。研究發現，桶陳 1 年萃取的芬芳物質濃度可以達到高峰，而後開始逐漸散逸，格拉帕的整體風味卻更顯協調。雖然

桶陳格拉帕的酒標上可能會出現的關鍵字包括：陳年（Invecchiata）、木桶（Barrique）、珍藏（Riserva）與極老（Stravecchia）。

格拉帕本質上不需桶陳培養，但有趣的是，一旦使用全新橡木桶陳年，就要做好準備，至少要等3年，才能得到風味和諧的桶陳格拉帕。

　　相較於年輕格拉帕，經過桶陳培養的酒款，通常觸感特別滑順。品嘗時必然嘗得出經過桶陳的風味特徵。芳香型品種格拉帕經過桶陳之後，不應顯得緊澀，而應該保有年輕、典型的品種香氣，包括塔明那的玫瑰氣息與金黃蜜思加的檸檬香氣。橙花、蜂蜜等花香，柑橘、蘋果、蜜桃、葡萄、鳳梨等果香，與焦糖、草本等氣味層次，也都是典型的芳香品種氣味。

　　義大利格拉帕潛在風味缺失，包括一系列源自葡萄渣保存不當的結果，首當其衝的是果味減少，接著還會出現源自氧化的風味，包括蘋果、紙板、小黃瓜、烏梅、仙草、芹菜、咖哩與核桃油氣息。格拉帕風味譜上，乾草氣味是正常的，但如果聞到霉溼、土壤，就算風味缺陷。源自酒頭的青草氣味，通常都算缺陷，但如果相當微弱並與其他風味協調，而且沒有刺激感，就可以接受。

　　由於葡萄渣可以添加少許濁酒一起蒸餾，如果酵母沉澱物已經老化或過量使用，可能會帶來不好聞的腥臭與皂味。另外，燒焦氣味有可能是蒸餾製程階段操作不當導致的技術缺失，通常不會在市面上買到，因為缺陷產品會被剔除，又或者生產者根本不會犯這樣的錯誤。

　　Gaja 廠牌推出的格拉帕，以自家葡萄渣作為原料，委託蒸餾商加工製造，裝瓶濃度皆為45%。Gaia & Rey 版本，是以夏多內葡萄渣製酒，不經桶陳培養。一入杯即散發鮮明的玫瑰與蘋果香氣，漸漸蘊積樹脂與葡萄籽的木質氣息，觸感溫和油潤。Costa Russi 版本，則以紅品種奈比歐露葡萄渣製酒，並經過桶陳1年，散發杏仁、乾草、青綠氣息與含蓄的香草氣味，入口後發展出薄荷、巧克力與黑莓般的風味，收尾乾爽，帶有花香與蜜味。Sperss 版本主要以奈比歐露葡萄渣製酒，經過桶陳1年，主導香氣是風信子般的花香，聞起來像麵包，點綴青檸氣息，收尾逐漸發展出綜合堅果與鮮奶油，乾爽甜潤，相較於 Costa Russi 來說，風味較為深沉。

5-2 世界葡萄渣餾白蘭地

　　只要能夠種植葡萄、釀造葡萄酒的地方，就能夠生產葡萄渣餾白蘭地。有些渣餾白蘭地雖然名為格拉帕，但卻不是來自義大利，也不是使用義大利品種製酒。

　　渣餾白蘭地在不同國家，有不同名稱，並非都稱為格拉帕。在法國與盧森堡稱為馬赫（marc）、葡萄牙稱為巴卡榭拉（Bagaceira）、西班牙的歐魯荷（Orujo）、希臘稱為濟普羅（Tsipouro, Τσίπουρο），賽普勒斯的齊凡尼亞（Zivania, Ζιβανία）也可以有渣餾版本。匈牙利的渣餾巴林卡，讀音近似特勒科勒伊巴林卡（Törkölypálinka）、保加利亞語的渣餾拉基亞，發音接近拉基亞—阿特—格拉茲多維—吉卜

世界葡萄渣餾白蘭地

里（Ракия от Гроздови Джибри）。北美洲等英語系國家稱為 Pomace Brandy，字面意思即為渣餾白蘭地，也是國際通稱。

葡萄渣餾白蘭地風味特徵彼此接近，通常只要整體達到平衡，沒有常見風味缺陷，就算是不錯的產品。最佳酒款除了基本平衡之外，還會展現細膩觸感與複雜層次。

葡萄酒餾、葡萄渣餾，以及整粒葡萄發酵製酒，也就是葡萄果餾，是不同的類型。對照三者風味差異，可以發現果餾與渣餾，甚至是葡萄與水果混餾並調配，都會帶有源自葡萄皮的風味特徵。我們先從葡萄渣餾談起，接著再談渣餾的變奏——果餾與混餾。

法、西、葡、保加利亞、匈牙利與希臘

法國葡萄渣餾白蘭地

法國渣餾白蘭地慣稱馬赫（marc），本意是葡萄渣，引申為葡萄渣餾烈酒；eau-de-vie de marc，意為葡萄渣生命之水，兩個寫法可以彼此取代。法國最有名的是布根地葡萄渣餾白蘭地（Marc de Bourgognc），如果使用來自特定園區收成葡萄製酒殘餘的果渣作為蒸餾原料，還可以標示葡萄園名稱。其他重要產區包括布傑（Bugey）、薩瓦（Savoie）、隆河丘（Côtes-du-Rhône）、普羅旺斯（Provence）、隆格多克（Languedoc）、奧萬尼（Auvergne）、侏羅（Jura）。

除了法定名稱外，還可以標示其他附加名稱。譬如隆河丘葡萄渣餾白蘭地（Eau-de-vie de marc des Côtes-du-Rhône），經常以「……的渣餾老酒」（Vieux marc de...）為名。由於法國渣餾白蘭地並非葡萄種植區的主流農產品，通常葡萄酒才是，因此渣餾白蘭地的相關規範尚未完備。

香檳區葡萄渣餾白蘭地，由於不會與干邑白蘭地香檳區的葡萄酒餾白蘭地產生混淆，因此可以直接標示為 Marc de Champagne。

阿爾薩斯葡萄渣餾白蘭地較為特別，因為只能使用格烏茲塔明那

牛刀小試！
你可以對照著地圖從酒標辨
認這些法國渣餾白蘭地的產
地嗎？

品種製酒。產品名稱可以同時包括產地與品種名稱，標示為「阿爾薩斯格烏茲塔明那葡萄渣餾烈酒」（Marc d'Alsace Gewurztraminer），或簡稱 Marc d'Alsace（只有產地名稱）、Marc de Gewurztraminer（只有葡萄品種名稱）或 Marc de Gewurz（只有簡略的葡萄品種名稱）。

伊比利半島葡萄渣餾白蘭地

法國當前的葡萄渣餾烈酒產品，有兩套並行的名稱系統，一個是 1940 年代推出的「法定原產地名稱規範」（AOR, Appellation d'Origine Réglementée par décret），另一個是「法定原產地名稱管制」（AOC, Appellation d'Origine Contrôlée）。從這兩款法國布根地葡萄渣餾白蘭地的酒標上可以看出，AOR 正逐漸被 AOC 取代。

葡萄牙的渣餾白蘭地，稱為 Aguardente Bagaceira，是由「燒灼之水」，也就是烈酒，以及葡萄渣兩個字組成，也可以簡稱為巴卡榭拉（Bagaceira）。原產地標示名稱包括百拉達渣餾白蘭地（Aguardente Bagaceira Bairrada）、阿連特茹渣餾白蘭地（Aguardente Bagaceira Alentejo），以及綠酒產區渣餾白蘭地（Aguardente Bagaceira da Região dos Vinhos Verdes）。

西班牙的渣餾白蘭地，稱為

西班牙歐魯荷製酒的葡萄果渣，常見品種包括帕雷亞達、馬卡貝奧、沙雷洛與維德賀（Verdejo）。

Aguardiente de Orujo，與葡萄牙語一樣，也是由「燒灼之水」與「葡萄渣」兩字組成，但是經常簡稱為歐魯荷（Orujo）。擁有原產地名稱標示的是加利西亞渣餾白蘭地（Orujo de Galicia）。有些生產商也會用法語標示為 marc，但並非常態。

保加利亞與匈牙利的葡萄渣餾烈酒

最能表現葡萄皮風味的拉基亞，是葡萄渣餾拉基亞（Pomace Rakya）。保加利亞的渣餾拉基亞，原文是 Ракия от Гроздови Джибри，拉丁字母拼寫為 Rakya ot Grozdovi Djibri，完全採用葡萄酒

「公牛血」（Egri Bikavér）是匈牙利埃格爾產區（Eger）知名的紅葡萄酒，以當地製酒殘餘的紅葡萄渣蒸餾，也屬於紅葡萄渣餾巴林卡，但是不見得會標示，因為能夠輕易聯想。

釀造的葡萄渣副產物作為製酒原料，由於原料與製程相仿，因此整體風味表現接近義大利格拉帕。

匈牙利的渣餾白蘭地，稱為葡萄渣餾巴林卡（Törkölypálinka, Pomace Pálinka），匈牙利語原文由兩個字根組成：葡萄果渣（Törköly）與巴林卡（pálinka）。巴林卡是水果蒸餾烈酒的意思，渣餾巴林卡依法須完全採用葡萄渣，不能混摻葡萄製酒。換句話說，也就是不允許以果餾形式進行混餾。使用整粒葡萄製酒，屬於另外一種類型，稱為「葡萄果餾巴林卡」（Szőlő Pálinka, Grape Pálinka），之後還會介紹。

完全使用紅葡萄渣餾製酒，可以標示 Kékszőlő Törkölypálinka，完全使用白葡萄則為 Fehérszőlő Törkölypálinka，至於混用紅白葡萄渣製酒，則通常只會標示葡萄渣餾巴林卡。此外，還有很多不同的可能性，包括使用單一品種或混用不同品種的紅葡萄渣或白葡萄渣，又或者不同性質的葡萄渣分開製酒，然後再行調配等。

匈牙利葡萄渣餾巴林卡，偶爾會經過不超過半年的短期桶陳。酒標 Hordóban érlelt 就是短期桶陳的意思。超過三年桶陳，則會出現「Ó-」，是「老」的意思。

匈牙利常見的紅葡萄品種包括在地的藍色法蘭克（Kékfrankos），此外也有卡本內—弗朗、梅洛、卡本內—蘇維濃、希哈等國際品種。至於使用黑皮諾葡萄渣蒸餾則比較少見，因為黑皮諾皮薄，釀造葡萄酒殘餘的果渣，殘留芬芳物質較少。

白葡萄渣餾巴林卡使用的品種，包括伊爾塞—奧利維（Irsai Olivér），這是個帶有玫瑰香氣的芳香型葡萄。如果採用非芳香型白葡萄品種混餾，通常會表現類似吐司心的氣味，偶爾接近麵團，偶爾則像風信子或清淡的玫瑰花香。匈牙利知名的托凱（Tokaji）甜酒產區，釀酒白葡萄在經過壓汁之後，葡萄渣也可以用來生產渣餾巴林卡。

匈牙利葡萄渣餾巴林卡比較品飲專題

匈牙利的 Brill 蒸餾廠極受業界敬重，產品多達上百種，其中不乏單一品種葡萄渣餾巴林卡。

芳香型白葡萄 Cserszegi Füszeres，是伊爾塞—奧利維與格烏茲塔明那的混種。若以渣餾形式製酒，玫瑰與蜂蠟氣味非常濃郁。2006 年份夏多內葡萄渣餾巴林卡，經過 10 年桶陳的版本，散發柑橘與鳳梨果香。桶味含蓄，圓潤飽滿，收尾輕巧乾爽。

紅葡萄品種奈洛（Nero）渣餾巴林卡，主導香氣是麵團般的花香，點綴樟腦、樹脂香氣，一般也會描述為龍蒿般的草本辛香，口感慍烈。卡達卡（Kadarka）品種葡萄渣蒸餾製酒，頗富葡萄皮本身的香氣特徵。

希臘的葡萄渣餾白蘭地——茨庫迪亞與濟普羅

希臘葡萄渣餾白蘭地產地，包括克里特島與半島區。克里特島的渣餾白蘭地，稱為茨庫迪亞（Τσικουδιά, Tsikoudia），但是克里特島東部的人們，慣稱拉基（Raki），與巴爾幹半島諸國類似。

半島區的渣餾白蘭地，則稱為濟普羅（Τσίπουρο, Tsipouro），重要產區包括半島北部的馬其頓（Macedonia）、半島中部的色薩利（Thessaly）與蒂爾納沃斯（Tyrnavos）。

克里特島與半島的蒂爾納沃斯的渣餾白蘭地，傳統不以茴香調味，馬其頓與色薩利渣餾白蘭地，則除了原味版本外，也生產茴香調味版本，因此更像茴香酒，但是原味版本依然屬於葡萄渣餾白蘭地。

希臘葡萄渣餾白蘭地品飲專題

希臘半島中部色薩利的 Tsilili（Τσιλιλή）是世界知名酒廠，生產葡萄酒、葡萄渣餾與葡萄果餾白蘭地。

Dark Cave 版本裝瓶，是非芳香型葡萄發酵後，取用葡萄渣蒸餾製酒，並以經過葡萄酒浸潤過的美國與法國橡木桶熟成培養至少五年，賦予杏桃、李子、果乾、柑橘、香草、巧克力等風味層次。整體香氣以木桶主導，澀感卻相對溫和，杏桃果味持續到餘韻，均衡而富有節奏感。

不經桶陳培養的無色版本，則使用芳香型品種，展現線條鮮明的花果與草本植物香氣，包括玫瑰、柑橘、蜜桃與薄荷。觸感柔軟，收尾乾爽卻圓潤，點綴含蓄的乾燥辛香，蜜桃風味漸次累積。每個年份獨立製酒，通常以 41% 酒精濃度裝瓶。

酒標上最上方的字樣，就是葡萄渣餾烈酒濟普羅的希臘語原文，Θεσσαλίας 則是產區名稱色薩利，第三排小字 ΧΩΡΙΣ ΓΛΥΚΆΝΙΣΟ，是不含茴香的意思（字首大寫時，會是 Χωρίς Γλυκάνισο）。要特別注意的是，如果標示 Με Γλυκάνισο（大寫是 ΜΕ ΓΛΥΚΆΝΙΣΟ），是茴香調味版本。本書開頭已經解釋過，茴香調味，哪怕是用葡萄製酒，也不屬於白蘭地。

大西洋彼岸的葡萄渣餾白蘭地

1960 年代，義大利格拉帕在國內銷售暴增，很快在國際間流行起來，美國加州的蒸餾業者，率先生產渣餾白蘭地，稱之格拉帕，並逐漸傳至美國西岸的葡萄酒產區。南美洲受到義大利移民者文化影響，格拉帕文化品味首先被帶進烏拉圭、阿根廷，隨後開始擴展，並與固有的烈酒傳統激盪出火花。在巴西，格拉帕也可以拼寫為 Graspa。如今，在美國奧勒岡州的水果白蘭地，智利雷依達的葡萄酒之外，也都可以看到葡萄渣餾白蘭地。

5-3 似渣餾非渣餾：從葡萄果餾到葡萄乾製酒

不在義大利，也能生產「格拉帕」？

我們有提到，「Grappa」是義大利葡萄渣餾白蘭地的專屬名稱，不在義大利境內生產，就不能標示為格拉帕。但由於智利與美國皆不在歐盟管轄範圍內，只要產品不在歐盟境內銷售，就不適用歐盟商品標示規範。美國與智利的渣餾白蘭地，也因此可以標示為格拉帕，不算觸法。但是嚴格說來，這些產品應該理解為「格拉帕類型」（grappa-style brandy）的白蘭地，而不是格拉帕。

美國奧勒岡州 Clear Creek Distillery 廠牌與在地葡萄酒生產商合作，取得葡萄渣蒸餾製酒，芳香型品種蜜思加的版本，裝瓶濃度為 40%，風格相對含蓄。

位於智利雷依達（Leyda）谷地的 Ventolera 葡萄酒生產商，則是將黑皮諾葡萄渣送往委託代餾的蒸餾廠，以三道蒸餾程序製酒，裝瓶濃度為 54%。香氣濃郁集中，散發青綠、樹脂與風乾番茄般香氣，點綴淡淡的新鮮草莓氣息。風味紮實，層次豐富，相對溫和，餘韻甜潤，果香連綴不斷，並發展出堅果與辛香風味。這個裝瓶雖然不應該叫做格拉帕，但是連義大利格拉帕專家都為之著迷。

葡萄是性能極佳的製酒水果，可以橫跨酒餾、渣餾與果餾三種製酒形式。相較於葡萄酒餾，葡萄渣餾烈酒多了來自葡萄皮的風味。如果以葡萄果碎形式發酵，然後蒸餾製酒，也就是葡萄果餾白蘭地，也會有來自葡萄皮的風味特徵。其實，葡萄果餾烈酒屬於水果白蘭地，然而由於葡萄地位特殊，一般提到水果白蘭地，概念上會把葡萄排除在外。

因此本書不將葡萄果餾白蘭地與其他水果白蘭地相提並論，而是將之獨立出來。在這一節裡，也將一併介紹較為罕見的葡萄乾蒸餾烈酒。至於葡萄與水果混餾，也就是混有葡萄的水果白蘭地，比較適合視為綜合水果白蘭地，請參閱第六章。

我們先從保加利亞與匈牙利這兩大葡萄果餾烈酒生產國開始介紹。

保加利亞、匈牙利的葡萄果餾烈酒

保加利亞的葡萄果餾拉基亞

我們在 4-3 介紹保加利亞葡萄酒餾拉基亞，現在要介紹保加利亞的葡萄果餾拉基

牛刀小試！

請參考 4-3〈保加利亞葡萄
酒餾與葡萄果餾拉基亞產
區〉，對照著葡萄果餾拉基
亞的原產地原文名稱，你能
分辨這瓶葡萄果餾拉基亞來
自哪個產區嗎？

亞，英文稱為 Grape Rakya，保加利
亞當地稱為 Гроздова Ракия，拉丁
字母拼寫為 Grozdova Rakya，是以
葡萄果碎為原料，發酵與蒸餾製成
的葡萄烈酒。

　　葡萄果餾拉基亞通常厚實柔
軟，使用蜜思加或保加利亞蜜思加
（Misket）這類當地常見的葡萄製
酒，因此不一定是芳香型品種。通
常會比葡萄酒餾拉基亞的香氣含
蓄，但是仍應鮮明可辨，如果香氣
太過貧乏，以至幾乎無香，普遍被認為是品質缺失。

　　當地的家庭自餾拉基亞，會混餾當地常見水果，包括蜜李、杏
桃、梨子、蘋果、榅桲。嚴格來說，摻用其他水果，就算以葡萄為主，
仍然不能稱為葡萄果餾拉基亞，但民間習慣不受此限。由於不是主流
烈酒，有時界線不免模糊。不過，這些家庭自製的水果混餾拉基亞，
風味與純葡萄果餾拉基亞的距離更遠了一些。

　　總的來說，葡萄渣餾拉基亞與葡萄果餾拉基亞，頗有相似之處。
兩者香氣強度都比葡萄酒餾拉基亞更弱一些，但卻都帶有來自葡萄果
皮的風味特徵，而且口感銳利，再加上通常不經桶陳，更突顯了源自
果皮的風味。

超級比一比，
果餾酒餾不一樣！

葡萄果餾拉基亞普遍比酒餾
的果香少，但是果餾通常辛
香較多，整體複雜度不見得
較差。而且葡萄果餾拉基亞
通常不經桶陳，以無色烈酒
形式呈現，足以表現更加鮮
明的原始風味特徵，口感也
更加銳利。這些風味特徵都
可以溯源至葡萄果皮。

匈牙利的葡萄果餾巴林卡

在匈牙利，由於葡萄生產過剩，因此直接以葡萄果餾製酒，比葡萄渣餾更為常見。葡萄果餾巴林卡在酒標上會出現「Sző lő」的字樣，意思是葡萄。

完全以葡萄果餾製酒的巴林卡，匈牙利語稱為 sző lő pálinka，有時會附加標示葡萄品種名稱，代表單一品種製酒。Gyöngy rizling 是匈牙利當地經過育種而來的特有芳香型白葡萄品種，用來生產葡萄果餾巴林卡，特別有匈牙利風情。

匈牙利葡萄果餾巴林卡常見的製酒品種，可分為非芳香型白葡萄、芳香型白葡萄與紅葡萄三大類。非芳香型白葡萄包括弗明（Furmint）、歐拉斯麗絲玲（Olaszrizling）、夏多內、堅尼特（Zenit）等。匈牙利的歐拉斯麗絲玲，在奧地利稱為威爾士麗絲玲（Welschriesling），屬於中性品種，名稱都暗示這種麗絲玲，是來自義大利的外來品種，不是德國的芳香型麗絲玲。芳香型品種在德國稱為 Rheinriesling，在匈牙利稱為 Rajnai Rizling，都是「萊茵河麗絲玲」的意思。其他常見的芳香型白葡萄品種，還包括黃色蜜思加（Sárgamuskotály）、切爾塞格─弗塞雷許（Cserszegi Fűszeres）、伊爾塞─奧利維與亞茲敏（Jázmin）等。至於常見的紅葡萄則有前述的卡達卡與藍色法蘭克。

芳香型白葡萄品種亞茲敏，字面意思是茉莉花，源自匈牙利白葡萄比揚卡（Bianca）與格烏茲塔明那的混種。以葡萄果餾形式製酒時，通常會有蜜思加葡萄汁、玫瑰、黃李香氣，風信子般的花香也很典型。Zimek 以紅葡萄品種藍色法蘭克製成的葡萄果餾巴林卡，帶有藍莓果醬香氣，點綴微弱的糕餅氣味。

花火般的榮耀，難以複製的謎

2017 年匈牙利全國最佳巴林卡，是採用美洲葡萄品種康科特（Konkordi, Concord）與混種葡萄伊莎貝拉（Izabella）製成的葡萄果餾巴林卡。美洲品種製酒通常會有汗臭與狐騷氣味，有時也像草莓果醬，通常被視為不良風味。用這些品種製酒算是大膽嘗試，然而經過蒸餾程序，成品卻毫無缺陷，而且在全國大賽一戰成名，酒瓶上滿是貼紙，價格翻倍。但是 2018 年版本，品質卻一落千丈。這說明水果潛質隨年份條件浮動，尤其是葡萄，而某些品種的挑戰尤其艱難，成功案例不見得可以複製。

從地中海沿岸，到大西洋彼岸的葡萄果餾烈酒

現在，我們來到地中海東岸的希臘與賽普勒斯。這裡的葡萄果餾烈酒與當地悠久的葡萄酒傳統緊密相連，然而直到近年來，才慢慢打開世界知名度。

賽普勒斯的葡萄果餾白蘭地，稱為齊凡尼亞（Ζιβανία，可以寫成 Τζιβανία 或 Ζιβάνα），一般用拉丁字母拼寫為 Zivania。齊凡尼亞屬於無色烈酒，不經桶陳培養，使用島上的紅葡萄品種瑪夫洛（Mavro）與白葡萄品種辛尼特利（Xynisteri）製酒，如果使用其他品種，必須在齊凡尼亞字樣後方加註品種名稱。也就是說，只有使用瑪夫洛與辛尼特利這兩個品種製酒，才能單獨使用齊凡尼亞這個名稱。

其實，齊凡尼亞是賽普勒斯的白蘭地統稱，型態不太固定，除了可以是葡萄果餾白蘭地，也可以是葡萄渣與葡萄酒混餾烈酒，或者葡萄渣與齊凡尼亞摻水混合復餾，又或者是葡萄酒餾白蘭地。齊凡尼亞涵蓋寬廣，甚至經過桶陳並添加調味，也見怪不怪，只不過經過調味在類型上就不能視為白蘭地。

希臘半島中部色薩利的 Tsilili（Τσιλιλή）酒廠，在生產葡萄

酒、葡萄渣餾烈酒之外，也推出單一葡萄品種的果餾烈酒，反映希臘葡萄蒸餾烈酒的發展趨勢。包括漢堡—蜜思加（Μοσχάτο Αμβούργου）、克希諾—瑪夫洛（Ξινόμαυρο）與國際品種夏多內與卡本內—蘇維濃。

希臘特有品種克希諾—瑪夫洛，字面意思是「酸」（ξινό, xino）、「黑」（μαυρο, mavro），可想而知可以釀出怎樣的葡萄酒。用這個品種生產葡萄果餾烈酒，會出現淡淡的土壤氣味，以及繁複深沉的辛香，包括胡椒、丁香、甘草、荳蔻等。

位於希臘半島西側的克羅埃西亞，除了果餾拉基亞，也生產葡萄果餾白蘭地，稱為洛扎（Loza）。歐盟相關法規允許使用當地語言，標示為 Hrvatska loza，意思是克羅埃西亞的葡萄果餾白蘭地。在蒙特內哥羅，葡萄果餾白蘭地則稱為洛佐瓦恰（Lozovatcha）。

繼續一路往西，可以發現葡萄果餾烈酒在法國、義大利、葡萄牙與西班牙，有著類似的名字，都稱為「葡萄烈酒」或「葡萄生命之水」：法語作 Eau-de-vie de raisin；義語作 Acquavite di uva 或 Distillato di uva，有時 di uva 也拼寫為 d'uva；葡語作 Aguardente de uva；西語作 Aguardiente de uva 或 Destilado de uva——其實兩者性質不同，前者蒸餾濃度不超過 86%，後者則不超過 94.8%，分別呼

Tsilili 酒廠的葡萄果餾烈酒，酒標上可以看到 απόσταγμα σταφυλιού，字面意思即為葡萄烈酒。這個裝瓶是以漢堡—蜜思加白葡萄品種製酒，一入杯即散發柑橘、玫瑰、蜜桃與草本氣息，接近薄荷與鼠尾草。入口之後，出現含蓄的堅果風味，觸感溫和飽滿，收尾乾爽，逐漸發展出辛香。

果餾與渣餾，總是不一樣！

　　有機會的話，不妨對照相同葡萄品種的渣餾與果餾版本，找出兩種製程的風味差異。在義大利，葡萄渣餾即為格拉帕（Grappa），葡萄果餾則標示 Acquavite d'uva 或 Acquavite da mosto d'uva。義大利特倫提諾的 Pilzer 廠牌，以白葡萄 Müller-Thurgau 製酒的果餾版本，風味比渣餾更純淨，果味更鮮明，觸感也細膩許多。

　　果餾白蘭地在義大利發跡較晚，1980 年代，義大利格拉帕生產商 Nonino 在法國阿爾薩斯果餾白蘭地的啟迪下，以整粒葡萄發酵與蒸餾製酒，產品以方言命名為 Ùe，意為「葡萄」。不少生產商起而效尤，如今已蔚為風潮。Fratelli Brunello 的 Uva e Uva，意為「葡萄與葡萄」，使用包括蜜思加在內的兩個品種，以果餾程序製酒，充分保存源自品種的玫瑰、芫荽籽般，接近芒果、桃子、白葡萄汁的果香。

應葡萄烈酒與普級白蘭地的法規要求。如果譯成英文，皆作 Grape Brandy。有些產品，當符合原產地生產法規要求時，可以附上原產地標示。

葡萄乾蒸餾烈酒

葡萄乾蒸餾烈酒（Raisin spirit），俗稱葡萄乾白蘭地（Raisin brandy），通常使用包括蜜思加在內的一系列特定品種葡萄乾製酒。葡萄乾經過萃取之後發酵，蒸餾濃度最高可達 94.5%，雖然相較於其他水果烈酒的蒸餾濃度較高，但仍然足以保留製酒原料的風味。

世界水果蒸餾白蘭地
World's Fruit
Brandies

本書開頭已經畫了界線，我們探討的是嚴格意義上的水果白蘭地（fruit brandy），必須完全使用水果或水果壓汁進行發酵產生酒精，然後蒸餾製得，而不是浸泡而後蒸餾，製程當中也不能添加任何酒精。若以葡萄白蘭地為基底，而後以其他水果浸泡調味，那就屬於水果調味白蘭地（fruit-flavored brandy），不在我們探討的範圍內。上一章已經介紹的葡萄果餾白蘭地，有時也被視為水果白蘭地，然而由於葡萄地位特殊，一般提到水果白蘭地，會把葡萄排除在外。

　　常見製酒水果包括李子、梅子、蘋果、梨子、黑莓、杏桃、蜜桃、醋栗等。梨子、蘋果、榲桲與多種莓果，都可以經過發酵製程，將糖分轉化為酒精與其他芬芳物質，然後再蒸餾取酒。有核果實可以不帶核或帶核蒸餾，不同程序有不同的風味效果。除了標示特定水果名稱之外，櫻桃烈酒也可以標示 Kirsch。德語以水果名稱加上 Wasser，

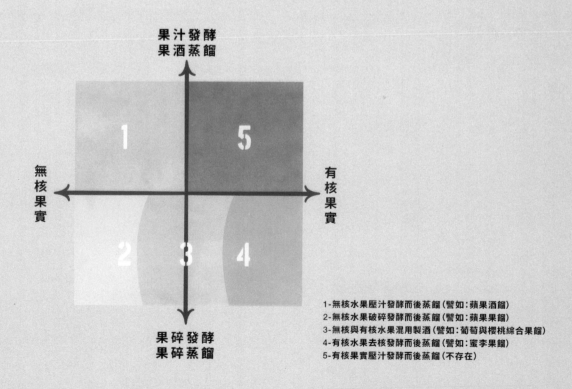

非葡萄水果白蘭地概念圖譜

1-無核水果壓汁發酵而後蒸餾（譬如：蘋果酒餾）
2-無核水果破碎發酵而後蒸餾（譬如：蘋果果餾）
3-無核與有核水果混用製酒（譬如：葡萄與櫻桃綜合果餾）
4-有核水果去核發酵而後蒸餾（譬如：蜜李果餾）
5-有核果實壓汁發酵而後蒸餾（不存在）

許多水果白蘭地的包裝外觀會出現水果圖樣，就算不熟悉外語，也很容易辨認。但多學還是有用，如果不認識 Mirabelle 這個字，應該不見得一下就能看出是黃李吧？

也是水果烈酒的意思。某些水果烈酒，依據傳統只標示水果名稱，而不標示烈酒，譬如 Mirabelle（黃李）、Plum（李子）、Quetsch（藍李），以及 Golden Delicious（金冠蘋果）。

水果白蘭地可以按照原料與製程，概分為三大類：果酒蒸餾、果實蒸餾與果渣蒸餾。其中以果酒蒸餾與果實蒸餾最為常見，果渣蒸餾較為罕見。

各式製酒水果經過發酵，風味表現與強度不盡相同，在白蘭地裡也不見得嘗得出水果的原始風味特徵。但是，發酵與蒸餾製程會產生不同風味層次，在烈酒裡經常出現果香以外的豐富變化，包括辛香、花卉與草葉香氣。最好的產品通常能夠展現源自製酒原料的果香，甚至發展出細膩層次。

巴爾幹半島諸國幾乎都有生產水果白蘭地。南邊的希臘與保加利亞，由於環境條件適合生產葡萄白蘭地，因此水果白蘭地相對較少，但是杏桃、李子白蘭地相當出名。保加利亞中部的李子產量特豐，普遍採用李子製酒。巴爾幹半島北部諸國，逐漸以水果白蘭地主導，葡萄白蘭地的產量不如南方國家。

本章將從法國諾曼第卡爾瓦多斯切入，熟悉了蘋果酒蒸餾烈酒之後，我們接著以水果種類為經，以生產國別為緯，用這兩條軸線，帶你全面瞭解世界水果白蘭地。

 ## 6-1 法國諾曼第卡爾瓦多斯

諾曼第靈魂飲品・世界蘋果酒之王

卡爾瓦多斯猶如法國諾曼第全球大使。談到蘋果白蘭地，就不會錯過卡爾瓦多斯，然後就會想到諾曼第。卡爾瓦多斯以蘋果與梨子混

合製酒，也因此，雖然一般俗稱蘋果白蘭地，但卻有可能混用梨子製酒，少則低於三成，也可以超過三成，甚至高達九成。在這個單元裡，蘋果酒餾與梨子酒餾白蘭地，會擺在一起討論。

名稱考據、種類與風味特徵

卡爾瓦多斯的名稱考據

Calvados 的詞源至今仍多少是個謎。相傳這個名字源自 1588 年西班牙無敵艦隊一艘名為 El Calvador 或 San Salvador 的戰艦，在此遭遇風暴沉沒。然而無敵艦隊其實並沒有 El Calvador 這艘船，而名

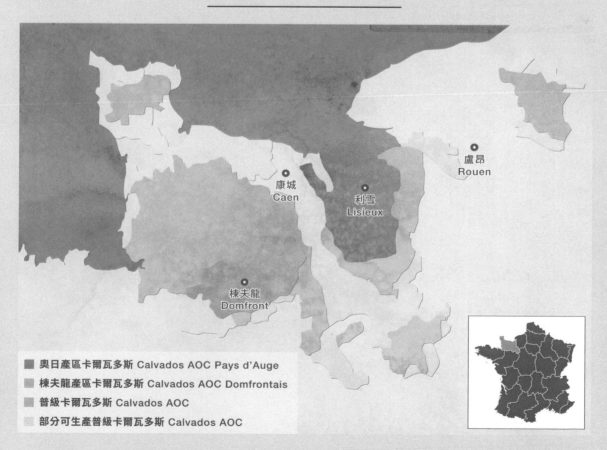

法國諾曼第卡爾瓦多斯產區

■ 奧日產區卡爾瓦多斯 Calvados AOC Pays d'Auge
■ 棟夫龍產區卡爾瓦多斯 Calvados AOC Domfrontais
■ 普級卡爾瓦多斯 Calvados AOC
□ 部分可生產普級卡爾瓦多斯 Calvados AOC

字相近的 San Salvador 是存在的,但卻沒有在諾曼第海岸沉船的紀錄。

諾曼第康城大學教授荷內‧勒佩雷(René Lepelley)說,1653年的一份古代航海圖上,人們所謂的 Calvador,其實以拉丁文拼寫為 calva dorsa,意為「中空的背」。如今,在 Port-en-Bessin 與 Arromanches 兩個沿海城鎮間,仍可看到沒有植被的裸露岩石。或許卡爾瓦多斯不是船艦的名字,而是關於自然地貌的描述。法國大革命之後,卡爾瓦多斯成為諾曼第的五個省名之一,後來當地蘋果烈酒也沿用這個名稱。直到 1942 年,卡爾瓦多斯正式成為官方認定的蘋果酒餾烈酒原產地名稱。

卡爾瓦多斯分類與風味特徵

相關生產法規將卡爾瓦多斯分為三類,風格個性不盡相同。

- 首先是核心地區,奧日產區的卡爾瓦多斯(Calvados AOC Pays d'Auge),個性柔軟飽滿,生產法規規定混用梨子製酒的比例必須低於 3 成,並使用銅質壺式蒸餾器,分批兩道蒸餾製酒,至少經過 2 年的橡木桶培養熟成。

Drouin 廠牌生產的奧日產區卡爾瓦多斯,屬於濃郁深沉的風格,有些裝瓶版本甚至帶有源自待餾蘋果酒稍事陳放再行蒸餾的風味特徵。該廠牌的標準裝瓶,都是經過調配的產品,包括至少經過三年桶陳的 Réserve des Fiefs,以及使用葡萄牙波特酒桶、西班牙雪莉酒桶、法國加烈葡萄酒桶、法國干邑白蘭地桶培養的卡爾瓦多斯作為調配基酒的 VSOP、XO 與 Hors d'Âge 產品線,最高桶陳培養時間超過 15 年,另外還有 25 年的裝瓶版本。特殊裝瓶則有年份卡爾瓦多斯。

- 棟夫龍產區的卡爾瓦多斯(Calvados AOC Domfrontais),混用至少 3 成梨子,採用柱式一道蒸餾工序製酒,並經過至少 3 年桶陳培養。梨子賦予豐沛柔軟的果味,具有純淨輕盈的特性,產量非常少。如今,棟夫龍產區平均採用 6 成梨子製酒,有些品牌甚至接近全梨子製酒。

Comte Louis de Lauriston 是棟夫龍卡爾瓦多斯生產者合作社經營的知名品牌，標準裝瓶系列當中，XO 等級以上相當精彩，另外也有特定年數裝瓶。在酒廠可以垂直品飲超過 30 個年份，原則上，年份愈老愈貴，但是價格與品質之間沒有直接關係。

- 普級卡爾瓦多斯（Calvados AOC）的生產規範較為寬鬆，可以採用來自諾曼第產區內，任何合法果園的蘋果與梨子製酒，蒸餾方式沒有特殊限制，但通常搭配製酒效率較高的柱式蒸餾系統。

　　當地生產的蘋果與梨子烈酒，若以水果烈酒（Eau-de-vie）為名，且符合種植區要求，可標示為：布列塔尼蘋果酒餾烈酒（Eau-de-vie de cidre de Bretagne）、諾曼第蘋果酒餾烈酒（Eau-de-vie de cidre de Normandie）、諾曼第梨子酒餾烈酒（Eau-de-vie de poiré de Normandie）或曼恩省蘋果酒餾烈酒（Eau-de-vie de cidre du Maine）。

經過至少桶陳 2 年的普級卡爾瓦多斯，可以標示為 Fine Calvados。Fine 一詞被生產法規保護，同時標示方式也有限制。譬如知名品牌 Boulard 的基本款 Grand Solage，屬於桶陳時間至少兩年的 Fine 等級酒款，產品原名 Grande Fine，但是生產法規禁止在 Fine 一詞之前加註其他字樣，因此必須改名。

無色的卡爾瓦多斯與無色的非卡爾瓦多斯

如果未能滿足最低桶陳年數，依法不能稱為卡爾瓦多斯，只能稱為蘋果酒餾烈酒（Eau-de-vie de cidre）或洋梨酒餾烈酒（Eau-de-vie de poiré）。如果使用活性極低的老橡木桶，培養至最低年限要求，以致最終烈酒幾乎無色，可以稱為無色卡爾瓦多斯（Calvados Blanche）。

卡爾瓦多斯的生產法規，在 1942 年剛推出時，並未規範最低桶陳年數，因此經常以無色烈酒形式出現。如今，全球無色烈酒風潮方興未艾，無色蘋果烈酒既像是開創潮流，又像是回歸傳統。

高齡的風味平衡

桶陳可能賦予香草、焦糖、太妃糖，甚至巧克力與咖啡香氣，但是最好的產品通常以蘋果與梨子風味主導，而且收尾乾爽不至於甜。長期桶陳培養可能帶來澀感與乾燥辛香，但是不應完全遮掩果味，最佳情況是蘋果風味接近蘋果派、焦糖蘋果。不妨以 Château du Breuil 的 15 年與 20 年裝瓶為例，體驗高年數酒款的風味平衡。

氧化蘋果風味是卡爾瓦多斯的典型特徵，而且會伴隨蜂蜜與類似李子的氣息，入口之後經常居於主導。酒精風味偶爾特別顯著，接近花香、辛香與糖香，有時也會像伏特加的酒精氣息。使用蒸餾柱連續製酒，酒精個性也會較為明顯，如果有源自蘋果與梨子的充足果味支撐，方能有良好的整體平衡。整體果味表現太弱，以至於過於中庸，通常會被視為品質缺失。

普遍被視為烈酒風味缺陷的乙醛，會讓人聯想到青蘋果，但不能算是正常果味。卡爾瓦多斯潛在的其他

風味缺失，還包括指甲油般的刺鼻氣味太過濃重，以及來自蒸餾製程失誤的酒尾風味，通常表現為皂味。

卡爾瓦多斯通常都有調配程序，配方裡不同年數的基酒風味，會扮演某種風味均衡角色，可以在最終成品裡分辨出來。年輕基酒果味豐沛明亮，桶陳培養會逐漸發展出乾果、堅果與辛香，偶爾也出現花卉香氣。桶陳培養會讓新酒觸感逐漸柔化，風味逐漸變得深沉，觸感逐漸朝向乾燥、立體的方向發展。

一看到你，就讓我想到蘋果

Boulard 品牌追求果味表現，使用極新鮮年輕的蘋果酒作為蒸餾原料。此外，不使用法國利慕贊的寬紋橡木製桶，因此較少辛香與澀感，足以突顯蘋果本身的果味，風格特別柔軟豐沛。

該品牌全系列產品使用兩道蒸餾製酒，風味個性特別深沉，品牌標誌鮮明。基本款 Grand Solage，架構簡單卻不失層次。VSOP 散發蜂蜜與花卉香氣，帶有蘋果果泥風味。XO 的調配基酒年數介於 6 至 15 年，帶有陳酒的無花果氣味，來自桶陳的澀感鮮明卻細膩。Cuvée Auguste 也屬於 XO 等級，基酒年數介於 10 與 20 年，觸感柔軟易飲，辛香豐沛，就像散發肉桂與焦糖氣味的蘋果塔。Extra 等級則使用 20 至 40 年數的基酒，風味極為複雜，果味退居背景，辛香繁複奔放，收尾乾爽。

該品牌偏好新鮮果味的作風，也延伸到周邊產品上——Fleurs de Pommes 不是蘋果白蘭地，而是蘋果汁混摻蘋果白蘭地，若再經桶陳 14 個月，可依法稱為波莫（Pommeau）。但是由於產品特殊，只能標示為 The French Apple Spirit。這款產品使用酸型品種製酒，接近一般食用蘋果，與慣用苦甜型品種製酒的波莫不同；其次，不經桶陳培養，果味新鮮豐沛，但卻不甚甜，呼應品牌風格。

兩條軸線交織出風味方程式

Père Magloire 廠牌分別採用柱式與壺式蒸餾器製酒，並以調配比例與桶陳年數這兩條主軸，創造不同產品線。透過比較品飲，可以看出蒸餾方式的具體風味效果。

VS 等級酒款，採用蒸餾柱單道蒸餾，純淨明亮，青檸與蘋果香氣顯著，略帶源自桶陳的香草氣息。VSOP 採壺式蒸餾器兩道蒸餾，茉莉花香與蘋果香氣顯著，與桶陳賦予的焦糖與榛果香氣，共同帶來蘋果泥、蘋果塔般的層次。XO 也採兩道蒸餾製酒，蘋果香氣被完整保留，甚至接近新鮮蘋果、青蘋果氣味，聞起來像是馬鞭草，較長的桶陳培養賦予辛香與糖漬葡萄柚風味。

Mémoire XO 則調配兩種不同蒸餾方式的烈酒，6 成單道蒸餾以及 4 成兩道蒸餾，最年輕的基酒是 15 年，最老的則有 40 年。最終成品可以嘗到明亮的活力，比較有表情的法文稱之「pétillant」，字面是「發泡」的意思，比喻來自柱式蒸餾器單道蒸餾烈酒的活力。兩道蒸餾的烈酒，則在中段逐漸發展柔軟甜潤的口感。年數較高的調配基酒，帶來橙橘、可可氣味，也都嘗得出來。

Héritage Extra 只採用兩道蒸餾的烈酒調配，少了一分明亮的活力，但是風味更加深沉，觸感圓潤。調配裡的老酒，賦予鮮明可辨的花香，以及一股像是馬鞭草的氣息，與 XO 遙相呼應──這兩款裝瓶都完全採用兩道蒸餾，而且都有相當比例的老酒，因此風味特性彼此相近。

諾曼第餐桌趣聞：用酒把肚子燒出一個洞

諾曼第餐飲文化中，卡爾瓦多斯不僅可以當作餐前酒與餐後酒，也可以在用餐過程中飲用，當地戲稱為 Trou Normand，字面意思是「諾曼第破洞」，意指在每一道菜之間，要喝一杯蘋果烈酒幫助消化，彷彿要把肚子燒出一個洞，才能吃得更多。這個傳統與當地料理經常使用奶油與鮮奶油有關，由於是為了幫助消化，而不是細細品味，通常喝年輕酒就可以了，不會用老酒。不過，在喝的時候幾乎像是一場儀式，眾人起立，主人帶頭說一串敬酒詞，同時舉杯一口喝下。1970 年代以降，由於餐飲逐漸走向清淡，「諾曼第破洞」失去實際功能，現在可能最多以冰沙加卡爾瓦多斯的形式出現，而不是直接朝肚子裡灌酒。

6-2 水果白蘭地的四大天王：
蜜李、櫻桃、蘋果、梨子

　　除了葡萄之外，最熱門的製酒水果應該就是蜜李、櫻桃、蘋果、梨子這四大天王了。水果白蘭地產區，幾乎都少不了這些版本的烈酒，而這些製酒水果與水果白蘭地，都有經典的種植區、原產國與群聚地。首先，我要帶你走進蜜李白蘭地的王國，多瑙河流域。

多瑙河畔多煩惱？──只為斯里沃維茲

　　斯里沃維茲（Slivovitz）就是蜜李白蘭地，在巴爾幹半島相當常見，主要產國包括保加利亞、捷克、匈牙利、塞爾維亞、斯洛維尼亞、斯洛伐克、克羅埃西亞、波蘭、羅馬尼亞、波士尼亞等，超過一半位於多瑙河流域內。

多瑙河流經匈牙利首都布達佩斯，布達佩斯素有多瑙河明珠與東歐巴黎之稱，是個雙聯市──位於西側的右岸，是地形起伏的布達，位於東側的左岸，則是市容華麗的佩斯。

多瑙河是歐洲最長的河流之一，流域所及，幾乎都生產蜜李白蘭地，但是在不同國家有不同名字。Slivovitz 幾乎已經成為蜜李白蘭地的統稱，然而，各個語言都有自己的拼寫方式，而且有些蜜李白蘭地稱為拉基亞，有些則稱為巴林卡。所以說，多瑙河畔，煩惱多。

雖然由於語言不同，蜜李白蘭地在各國有不同名稱，使用不同字母系統拼寫，但是基本上是很類似的產品。為了解決標示混亂的困擾，歐盟採取拉丁字母拼寫的 Slivovitz，作為中歐與東歐各國蜜李白蘭地的通稱。

舉例來說，保加利亞境內的蜜李烈酒，在國內稱為 Сливова（音譯為 Slivova，意為蜜李）；相同產品在外銷包裝上就會標示 Slivovitz，有些產品會附加標示英文意譯 Plum Brandy。但是，巴爾幹半島當地比較嚴謹的烈酒專家們，呼籲不應該這樣標示，因為白蘭地的蒸餾濃度較高，與蜜李烈酒有本質上的不同，因此，或許應該稱為「Slivova rakya」，而且這與歐盟允許標示的兩個原產地名稱吻合，一個是「特羅揚」（Троянска сливова ракия, Troyanska slivova rakya），另一個是「洛維奇」（Ловешка сливова ракия, Loveshka slivova rakya）。不過，由於在英語系國家慣以「白蘭地」一詞指稱所有以水果作為原料的烈酒，因此，蜜李烈酒用英文標示為蜜李白蘭地，並非全無道理，而且市場溝通也更加便利。

巴爾幹半島諸國習慣把蜜李白蘭地歸類為拉基亞，稱為蜜李拉基亞；中歐國家，譬如捷克、波蘭、斯洛伐克、匈牙利，則將之視為蜜李巴林卡。捷克的蜜李白蘭地除了可以標示 Slivovice，在製程後段可以另外添加酒精與蜜李烈酒一起蒸餾，得到最終的成品，算是特例。

克羅埃西亞的蜜李白蘭地，如果符合產區規範，可以標示 Hrvatska stara šljivovica，Stara 是老的意思。斯洛維尼亞的產品則可標示為 Slavonska šljivovica。

蜜李白蘭地──斯里沃維茲的國度

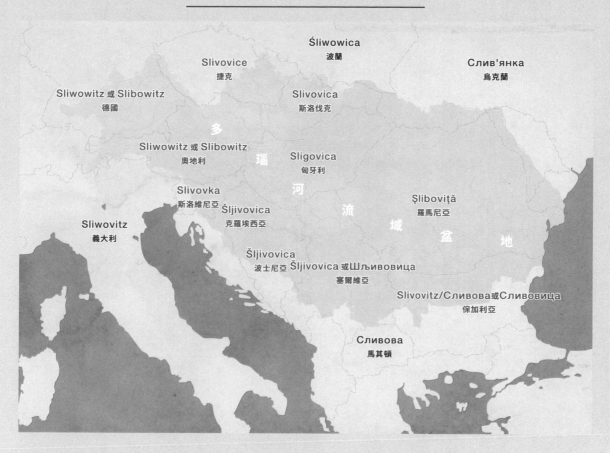

Śliwowica
波蘭

Slivovice
捷克

Слив'янка
烏克蘭

Sliwowitz 或 Slibowitz
德國

Slivovica
斯洛伐克

多

Sliwowitz 或 Slibowitz
奧地利

Sligovica
匈牙利

瑙

河

流

Slivovka
斯洛維尼亞

Šljivovica
克羅埃西亞

Şlibovíţă
羅馬尼亞

域

Sliwovitz
義大利

盆

地

Šljivovica
波士尼亞 Šljivovica 或 Шљивовица
塞爾維亞

Slivovitz/Сливова 或 Сливовица
保加利亞

Сливова
馬其頓

匈牙利的蜜李巴林卡（Szilvapálinka），以及各國的「斯里沃維茲」：克羅埃西亞的 Šljivovica、捷克的 Slivovice、德國的 Sliwowitz（這裡拼寫為 Slivowitz）、義大利的 Sliwovitz 與保加利亞的 Сливова。保加利亞的版本經常有桶陳培養。

櫻桃白蘭地經常以 Kirsch 為名，不同產地有不同標示習慣，通常都以當地語言拼寫「櫻桃」字樣。保加利亞稱之櫻桃拉基亞，有些會特別標示甜櫻桃製酒（Черешова ракия），有些則是酸櫻桃製酒（Вишнева ракия）；義大利 Nonino 在產品包裝上使用櫻桃學名裡的屬名 Cerasus，饒富趣味；匈牙利酸櫻桃巴林卡則標示為 Meggy Pálinka。

蘋果白蘭地可以經過桶陳培養，也可以不經桶陳培養。酒標上 Österreichischer Qualitätsbrand，意為「奧地利優質白蘭地」，德語 Apfel 是蘋果的意思，Im Eichenfass gelagert 則為橡木桶熟成培養。匈牙利 Szicsek 廠牌的蘋果巴林卡，也經過桶陳培養，略帶稻黃色澤，但是酒標上不見得有標示。義大利 Pilzer 廠牌的蘋果烈酒（acquavite di mele）則沒有經過桶陳培養。

不一定要向卡爾瓦多斯看齊！

同樣以蘋果製酒，酒餾與果餾不同，酒餾生產商多半會向類型相近的法國卡爾瓦多斯看齊。

美國佛蒙特州的 Mad River 廠牌以 Malvados 為名，正是取其與 Calvados 名字相近的趣味，但是由於有誤導消費者的疑慮，因此被要求更名。英國 Somerset Cider Brandy 也屬於蘋果酒餾白蘭地，但卻使用一般食用蘋果品種蒸餾製酒，距離卡爾瓦多斯又遠了一些。

美國 Laird's 廠牌，除了以壺式分批兩道蒸餾，生產型態頗接近卡爾瓦多斯的蘋果酒餾白蘭地（Apple Brandy），卻也以此與中性烈酒調配，生產「混合型蘋果烈酒」（Blended Applejack），通常被視為白蘭地，但不算是嚴格意義上的白蘭地。

不難看出，大家都曾向卡爾瓦多斯看齊，但這並未讓蘋果白蘭地的世界變得單調無聊，反而在標準的蘋果酒餾白蘭地之外，發展出繽紛多樣而亂中有序的樣貌。

酒精濃度高，不見得果味濃

　　梨子白蘭地通常比蘋果白蘭地有更多花香，偶爾較為刺鼻，最佳產品會有鮮明可辨，來自洋梨本身的氣味。梨子白蘭地的酒精濃度與風味表現頗有彈性，多數產品都不經桶陳培養。

法國阿爾薩斯 G.E. Massenez 與其他法國通路常見品牌，濃度都是 40%。

保加利亞的洋梨拉基亞稱為 Крушова Ракия（Pear Rakya），Винпром-Троян（Vinprom-Troyan）廠牌以威廉斯梨品種製酒的版本，酒精濃度 42%。

奧地利 Reisetbauer 廠牌的梨子烈酒（Birnenbrand），酒精濃度 41.5%。

匈牙利 Szicsek 廠牌的洋梨巴林卡（Körte Pálinka），酒精濃度 50%。

比利時 Distillerie de Biercée 廠牌，以及義大利 Nonino 的版本，酒精濃度 43%。

法國阿爾薩斯 Hagmeyer 廠牌，以及法國布根地 Roulot 的版本，濃度 45%。

匈牙利 Szicsek 廠牌的「果床洋梨巴林卡」（Ágyas Körte Pálinka），酒精濃度 44%。

通常酒精濃度愈高，就愈能將製酒水果的風味封存起來，不妨試試不同裝瓶濃度的梨子烈酒，觀察酒精濃度與果味強度的關係。如果濃度較高，但是果味表現卻較弱，有可能是水果品質、蒸餾製程與裝瓶形式等其他諸多因素造成的。

使用超過兩種水果製酒，只能標示「水果烈酒」。英語為 Fruit Brandy 或 Fruit Spirit，德語作 Obstler、Obstbrand 或 Obstwasser，可理解為「水果混餾烈酒」。依法不能只標示一種製酒水果，以免造成誤解。但是生產者可以按照使用比例高低，逐一列出水果名稱，最常見的版本是蘋果與梨子混餾。

義大利語的蘋果烈酒（Acquavite di mele），德語稱為 Apfel-Edelbrand 或 Obstler。斯洛維尼亞多倫斯卡（Dolenjska）地區的蘋果與梨子白蘭地，稱為 Dolenjski Sadjevec，字面意思是「多倫斯卡水果烈酒」，也是類似產物。

同樣混用蘋果與梨子製酒的例子，當然還有法國諾曼第卡爾瓦多斯，以及西班牙北部阿斯圖里亞斯的蘋果酒餾白蘭地。後者如果符合相關產區規範要求，可以標示「阿斯圖里亞斯蘋果酒蒸餾烈酒」（Aguardiente de sidra de Asturias），這個名稱受到歐盟法規保護。

6-3 歐洲水果白蘭地重點產國

葡萄製酒固然最能反映種植區的環境條件，然而，其他製酒水果也會與種植環境產生互動，並以風味品質的形式，表現在最終產品當中。接下來要介紹的水果白蘭地重要產國，都有不少實例。

牛刀小試！
你可以從酒標辨別德國黑森林櫻桃烈酒、德國黃李烈酒與法國櫻桃烈酒嗎？可以注意的是，如果生產商位於法國福熱羅（Fougerolles），也生產櫻桃烈酒，產品不見得能夠以福熱羅櫻桃烈酒名義裝瓶。

某些德國、法國、義大利、葡萄牙、奧地利、匈牙利、斯洛維尼亞、保加利亞、羅馬尼亞、克羅埃西亞、南美洲的水果白蘭地，當符合原產地生產法規要求時，可以附上原產地標示。譬如葡萄牙的楊梅蒸餾烈酒（Aguardente de Medronho），如果產自南隅阿爾加維（Algarve），並符合生產法規，可以標示為 Medronho do Algarve。

水果白蘭地主題地圖——德法義奧

德國西南
黑森林櫻桃烈酒Schwarzwälder Kirschwasser
黑森林黃李烈酒Schwarzwälder Mirabellenwasser
黑森林洋梨烈酒Schwarzwälder Williamsbirne
黑森林藍李烈酒Schwarzwälder Zwetschgenwasser

德國東南
法蘭肯藍李烈酒Fränkisches Zwetschgenwasser
法蘭肯櫻桃烈酒Fränkisches Kirschwasser
法蘭肯混餾水果烈酒Fränkischer Obstler

奧地利
杏桃白蘭地 Marillenbrand
瓦郝杏桃白蘭地Wachauer Marillenbrand
櫻桃白蘭地Kirschenbrand
梨子白蘭地Birnenbrand
榲桲白蘭地Quittenbrand

法國東北
洛林黃李烈酒Mirabelle de Lorraine
阿爾薩斯櫻桃烈酒Kirsch d'Alsace
阿爾薩斯藍李烈酒Quetsch d'Alsace
阿爾薩斯覆盆子烈酒Framboise d'Alsace
阿爾薩斯黃李烈酒Mirabelle d'Alsace
福熱羅櫻桃烈酒Kirsch de Fougerolles

奧地利東隅
杏桃巴林卡Pálinka

義大利東北 維內托 Veneto
蜜李烈酒Sliwovitz del Veneto
櫻桃烈酒Kirsch/Kirschwasser Veneto

義大利東北 特倫提諾 Trentino
洋梨烈酒Williams del Trentino
杏桃烈酒Marille/Aprikot del Trentino
櫻桃烈酒Kirsch/Kirschwasser Trentino
藍李烈酒Zwetschgeler
蘋果烈酒Distillate di mele del Trentino
混餾水果烈酒（義語）Südtiroler Obstler（德語）Obstler dell'Alto Adige
蜜李烈酒Sliwovitz del Trentino

義大利東北 佛里烏利 Friuli-Venezia Giulia
洋梨烈酒Williams friulano
櫻桃烈酒Kirsch/Kirschwasser Friulano
蜜李烈酒Sliwovitz del Friuli-Venezia Giulia

法國阿爾薩斯藍李烈酒，屬於有產區標示的產品；德國藍李酒則沒有產區標示。有產區標示的裝瓶，通常更有風味個性，整體品質也較好。但凡事總有例外，Maison Léda 是以雅馬邑 Château de Laubade 蒸餾商為首的法國葡萄酒與烈酒生產者聯合品牌，旗下資源豐富，其普級李子烈酒雖無特定產區標示，但品質極佳。

德國、法國、義大利與奧地利

　　德國、法國、義大利與奧地利的水果白蘭地產區連成一氣，加上頻繁的國際間交流，彼此頗有相通之處，黃李、藍李、櫻桃白蘭地最為常見。

　　義大利東北部與德國交界一帶的特倫提諾，北部帶有濃厚的德語文化色彩，當地多種水果白蘭地，經常用德義雙語標示，譬如混餾水果烈酒，可以寫成 Südtiroler Obstler 或 Obstler dell'Alto Adige。若符合原產地法規要求，可以加註 del Trentino，意為「產自特倫提諾」，或以形容詞 trentino 標示，意思相同。鄰近的佛里烏利（Friuli-Venezia Giulia）以及維內托（Veneto），也盛產水果烈酒，標示原產地名稱的方式如同上述，譬如 del Friuli 與 friulano 都是「產自佛里烏利」的意思。由於當今消費市場對水果蒸餾烈酒的原產地名稱不敏感，因

義大利水果白蘭地的標示，通常會用 Acquavite 或 Distillato 這兩個字，意思不外乎是生命之水與蒸餾烈酒。照片裡的杏桃白蘭地寫成 Acquavite di albicocche，奇異果烈酒寫成 Distillato di Kiwi，榲桲烈酒則是 Acquavite di mele cotogne。

此，生產商通常不會為了標示產區名稱而堅持使用當地的水果，而是從外地或鄰近國家購買櫻桃、蜜李、梨子作為生產原料。

奧地利白蘭地通常以 Brand 為名，前綴水果名稱，例如 Marille(n) 是杏桃、Kirsche(n) 是櫻桃、Birne(n) 是梨子、Quitte(n) 是榲桲、Mirabelle(n) 是黃李。由於德語的連字規則，兩個名詞連寫時，水果名稱與 Brand 之間，會加特定字母作為銜接符號。譬如：Marille（杏桃）＋字母 n 作為銜接＋ Brand（白蘭地）＝ Marillenbrand（杏桃白蘭地）。其中，瓦郝杏桃白蘭地（Wachauer Marillenbrand）的名稱受到法規規範與保護，只有符合生產規範的產品允許標示。

奧地利東隅，包括下奧地利（Niederösterreich）、布爾根蘭（Burgenland）、施泰爾馬克（Steiermark）以及維也納（Wien）一帶的杏桃白蘭地，是受到匈牙利文化影響的產物，也因此借用匈牙利水果烈酒的名稱，稱為巴林卡（Pálinka）。

在巴林卡的國度裡，巴林卡這個詞的意義內涵隨地區而異，我們接著往東行，要圍繞匈牙利，展開巴林卡之旅。

牛刀小試！
來吧，發掘你的德文閱讀力！這些是什麼白蘭地呢？

巴林卡：同名不同義，拼寫有差異

匈牙利	羅馬尼亞	斯洛伐克	奧地利
Pálinka	Pălincă	Pálenka	Pálinka
各式水果烈酒，可加註水果名稱	各式水果烈酒，李子烈酒有別稱	泛指蒸餾烈酒，不專指水果烈酒	是一個借詞，專指杏桃蒸餾烈酒

匈牙利巴林卡產區

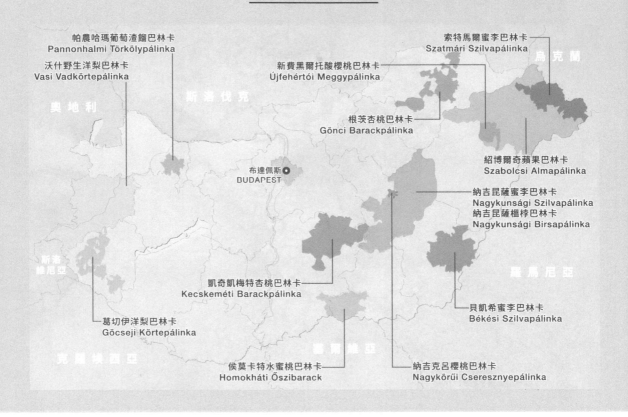

帕農哈瑪葡萄渣餾巴林卡
Pannonhalmi Törkölypálinka

沃什野生洋梨巴林卡
Vasi Vadkörtepálinka

奧地利

斯洛伐克

新費黑爾托酸櫻桃巴林卡
Újfehértói Meggypálinka

根茨杏桃巴林卡
Gönci Barackpálinka

索特馬爾蜜李巴林卡
Szatmári Szilvapálinka

烏克蘭

紹博爾奇蘋果巴林卡
Szabolcsi Almapálinka

納吉昆薩蜜李巴林卡
Nagykunsági Szilvapálinka
納吉昆薩榲桲巴林卡
Nagykunsági Birsapálinka

布達佩斯
BUDAPEST

斯洛
維尼亞

凱奇凱梅特杏桃巴林卡
Kecskeméti Barackpálinka

羅馬尼亞

貝凱希蜜李巴林卡
Békési Szilvapálinka

葛切伊洋梨巴林卡
Göcseji Körtepálinka

克羅埃西亞

侯莫卡特水蜜桃巴林卡
Homokháti Őszibarack

塞爾維亞

納吉克呂櫻桃巴林卡
Nagykörűi Cseresznyepálinka

匈牙利與其鄰國

在眾多名稱接近「巴林卡」的烈酒當中，匈牙利巴林卡最具代表性而且典型，蜜李巴林卡最早的歷史文獻記載，可以上溯至 17 世紀中葉。匈牙利加入歐盟後，巴林卡立即成為歐盟農產食品法規保護的對象。如今只有在匈牙利境內，完全以水果作為原料，不添糖製酒，才允許以巴林卡的名義銷售，匈牙利官方對此亦有嚴格控管。

步入 21 世紀，隨著生產履歷概念誕生、設備與技術進步、法規奠定與推行，匈牙利巴林卡的品質水準不同往昔。如今官方的食品安全實驗室，已經能夠嚴密監管巴林卡的生產履歷，而管理重點之一，在於必須使用 100% 水果製酒，不能添糖，這是 1990 年代逐漸成形的趨勢與共識。

時代遺跡：再三保證的百分之百

　　匈牙利杏桃巴林卡酒標上，出現 100% Gyümölcsből 的字樣意思是「百分之百水果製酒」，另一款蜜李巴林卡則標示 100% Plum Spirit，意為「百分之百李子烈酒」。這些標示用意在於強調沒有摻糖，但是既然如今不再允許摻糖製酒，「百分之百水果製酒」的標示不是多此一舉嗎？其實這現象見證了 1990 年之前的那個時期，當時巴林卡這個名字還普遍代表水果摻糖製酒。如果沒有摻糖製酒，當然值得昭告天下。

　　捷克也有類似現象，目前尚未禁止摻糖釀造。Ramska 廠牌的杏桃白蘭地，以純果作為原料，分批蒸餾製酒，酒標上出現 Čistá pravá meruňkovice，意思是「純正的杏桃白蘭地」，以便與摻糖製酒的產品在市場上彼此區隔。

　　目前匈牙利巴林卡已經有十餘個「受保護地理名稱標示」（Protected Geographical Indications, PGI），這些都是結合特定製酒水果與產地的法定名稱，反映了匈牙利巴林卡最富風味個性的範例。近年來，有逐漸由東而西拓展的趨勢，PGI 的數量也漸漸增加。

　　在〈匈牙利巴林卡產區〉地圖的背後，其實也藏著一個看似悖論的潛台詞，「建立有限度的多樣性」。匈牙利巴林卡，單就製酒蘋果

這些產品都有「受保護地理名稱標示」，你能閱讀酒標分辨出來嗎？

就超過 150 種，再加上種植區與製酒程序諸多因素交錯，產品極端多樣反而不利市場溝通與銷售。研擬這份名單的初衷在於肯定產品獨特性，便於市場溝通，而不是增添光環，幫助銷售。

匈牙利中部亞斯貝雷尼一帶土壤富含砂質，大致來說不適合種葡萄，而東北部根茨一帶多黏土，特別適合種植杏桃。根茨杏桃巴林卡的主要品種包括 Magyar kajszi 與 Bergeron，前者字意為土耳其杏桃，後者則是法國的杏桃品種。

Vilmoskörte Pálinka 是洋梨巴林卡，在名稱裡出現洋梨品種的名字，必須完全採用 Vilmos，也就是威廉斯梨（Williams）品種製酒，才能標示這個名稱。

茨岡酸櫻桃巴林卡（Cigánymeggy Pálinka）的製酒櫻桃果粒較小，特徵是杏仁香氣特別濃郁，有時甚至像是削鉛筆與木質氣味。馬哈勒酸櫻桃巴林卡（Sajmeggy Pálinka）的製酒櫻桃品種特徵，則是在櫻桃香氣之外，還散發強烈的咖哩、茴香、甘草、中藥材與草本植物氣息。

匈牙利語中的 Barack 是杏桃的意思，Sárgabarack 與 Kajszibarack 也都是杏桃。除了有不同品種外，還有未經桶陳、經數月短期桶陳，與超過三年桶陳的版本。Őszibarack 則是水蜜桃，匈牙利語 őszi 意為秋天。「秋天杏桃」是水蜜桃，不是杏桃。

　　匈牙利巴林卡常見的製酒水果，包括蜜李、杏桃、蘋果、梨子、櫻桃、榲桲，另外還有藍莓（Áfonya）、黑醋栗（Feketeribizli）、桑椹（Szeder）與草莓（Szamóca）等，酒標上通常以匈牙利語標示。多種水果已經令人目不暇給，再加上不同種植區的產區特色，共同交織出匈牙利巴林卡的多樣性。

匈牙利 Erős 廠牌的黑醋栗果餾巴林卡，除了黑醋栗果醬氣味外，還點綴青綠氣息與番茄風味，餘韻乾爽悠長，非常迷人。知名廠牌 Brill 的洋梨榲桲巴林卡，除了水果本身風味，還散發奶油、堅果、杏仁香氣，既像是花生醬，也像是牛軋糖。

桑椹繞口令

桑椹、桑椹木、桑椹木桶、桑椹木桶培養巴林卡……Zimek 廠牌經過木桶培養 4-5 個月的蘋果巴林卡（Alma Pálinka），帶有花香，收尾特別乾爽。酒標上的 Hordóban érlelt 意為木桶培養，該版本使用桑木桶培養。

Faeper 是由兩個字根組成：fa 是木頭，eper 是莓果；木莓，就是桑椹。如果倒寫成 Eperfa，就成了桑椹木。Eperfa hordóban érlelt 也就是「桑椹木桶培養」，這是匈牙利巴林卡產業的重要傳統特點，桑椹木桶培養通常會賦予花卉香氣，與橡木桶熟成的感官效果不盡相同。

匈牙利綜合果餾巴林卡

酒標出現超過兩種水果名稱，屬於綜合果餾巴林卡。匈牙利語 vegyes 是混合的意思，Gyümölcspálinka 是水果巴林卡，意指綜合果餾。

各種水果製程要求不同，每個批次也都有差異，所以綜合果餾最合適的製程，是將不同水果分開處理與蒸餾，裝瓶前再行調配。優質的綜合果餾巴林卡，產品風味相對穩定，但是調配比例會隨著批次與年份而異。一般來說，只有品質平庸的量產版本與家庭自餾的情況，才會將不同水果在發酵階段就混合在一起。

除了覆盆子加草莓，紅色果實彼此搭配很對味之外，Zimek 的葡萄與酸櫻桃綜合巴林卡，是採用 King's Daughter 品種白葡萄，以及晚熟品種酸櫻桃 Kései 製成，也有很好的平衡。Bolyhos 是這個領域的箇中高手，該品牌其中一個版本是蘋果、葡萄、蜜李與櫻桃綜合版本，非常精彩。

匈牙利巴林卡，沉睡中的巨人

　　無色水果烈酒當中，匈牙利巴林卡最豐富多樣，然而目前尚未在全球市場佔有一席之地。這是由於幾乎不外銷，多半都在國內消費，因此國際知名度遠不及其品質所應享有的相稱地位。

　　如果不計年齡，匈牙利平均國民每年葡萄酒消費量是 25 公升，巴林卡則為 12 公升，並不算少。巴林卡已經深入民間日常生活，但是巴林卡產業在國內的生存空間卻也遭到壓縮，這可以從幾個方面分析。

　　首先，政府允許家庭自餾巴林卡，而且稅金低於商業蒸餾。根據估計，商業生產的巴林卡只佔實際國內消費量的極小部分。政府允許每人每年自餾 50 公升的巴林卡，但是不得銷售。但民間盛行販售自餾許可稅籍號碼，再加上超額自餾不太會被檢舉或取締。一般民眾習於品質低落的巴林卡，自餾產品已經滿足民間九成需求，壓縮了商業蒸餾的生存空間。

　　其次，匈牙利的消費稅額從 27% 起跳，居全歐之冠，烈酒還要另加 30%，這還不包括高額的健康捐。所有的巴林卡蒸餾業者，只能在需求愈來愈小，稅金卻愈來愈高的國內市場上，艱困地奮鬥著。匈牙利民間流行一句話：「生命只有兩件事是確定的：一，人終有一死；二，人都要繳稅。」

　　站在主政者的角度來看這個問題，一方面，由於國民平均收入偏低，取締超額自餾等非法行為，只會增加民怨、喪失選票，而且執法人員不足，全面取締難以執行。另一方面，支持酒類產業必然挑動某些人士的敏感神經。巴林卡產業在酒類部門裡並非當務之急，葡萄酒產業對匈牙利更重要。也因此，巴林卡產業難以獲得政府實際支持。

　　巴林卡深植匈牙利民族文化肌理，卻也因此面臨難以突破的陳舊觀念。在 1970 年代，人們把壞掉不能吃的、掉在果園地上的水果，拿來做成巴林卡，製程還會額外添糖發酵，這原是節儉美德與生活智慧。然而，這套傳統思維與隨之而來的品味習慣，使得當今最優質巴林卡的豐沛新鮮果味，讓人誤以為使用人工香料，而純淨、沒有製程缺失，卻也讓人以為少了一味兒，再加上優質巴林卡的生產成本高，市場售價也不可能低。「加香料、沒味道、售價高」，再加上民間普遍自餾，商業產品缺乏公平競爭的環境。此外，匈牙利東臨烏克蘭，西鄰奧地利，東西半壁的市場氛圍很不一樣，巴林卡產業內部也已經形成分裂。

　　拉高角度來看，與法國干邑白蘭地、法國卡爾瓦多斯相較，也不難理解匈牙利巴林卡當今面臨的瓶頸。首先，與葡萄酒餾白蘭地相較，巴林卡普遍使用的蜜李、杏桃、蘋果等，酒精產能都不如含糖量較高的葡萄。其次，與同屬水果白蘭地的法國卡爾瓦多斯相較，匈牙利巴林卡沒有法國農產食品那樣的國際知名度，文化權力意識，也沒有形象光環。再則，匈牙利巴林卡普遍不經桶陳培養，也毋需桶陳培養，以保留並充分表現原始製酒水果品種風味，卻也因此無法像棕色烈酒那樣，憑藉桶陳培養工藝，提高市場身價或產品價值。

　　總的來說，失控的自餾傳統、高額稅金與烈酒額外的健康捐，政治社會文化方面的種種因素，再加上國產葡萄酒瓜分烈酒市場，外銷也毫無頭緒，匈牙利巴林卡產業發展，如今遭遇重重阻礙。唯有整合內部資源，解決業內與政治問題，甚至稍有雄心，著力文化宣傳、增產外銷，匈牙利巴林卡才能振興。而一旦振興，它將成為水果白蘭地領域裡的巨人。

　　羅馬尼亞由於受到匈牙利文化影響，在西隅一帶的許多居民會說匈牙利語，並且也有巴林卡的傳統，羅馬尼亞語拼寫為 Pălincă。羅馬尼亞的巴林卡，在國內各地有不同名稱，有時跟拉基亞的名稱較為接近，稱為拉奇幽（Rachiu）；在北部的馬拉穆勒什（Maramureş）一帶則改稱荷林卡（Horincă），知名的產品是克摩扎納荷林卡（Horincă de Cămârzana）。

　　羅馬尼亞的李子白蘭地，專稱促伊卡（Țuică）。促伊卡這個字，來自希臘的葡萄渣餾白蘭地茨庫迪亞，由於發音失準而逐漸演變成促伊卡，並用來指稱李子烈酒。

　　羅馬尼亞促伊卡與巴林卡的主要差異在於，促伊卡只經過一道蒸餾，但是巴林卡通常是指經過兩道或三道蒸餾的烈酒。雖然有基本定義，兩者界線依然有點模糊。在生產促伊卡時，蒸餾收集到酒精濃度較高的烈酒，通常還會再蒸餾一次，最終得到酒精濃度 45-55% 的烈酒，所以比較接近巴林卡，但是可以稱為「第一道促伊卡」（țuică de-a-ntâia）。經典的促伊卡，是蒸餾時收集酒心得到的版本，濃度約為 30-40%，原文稱為 țuică de-a doua，意思是第二道促伊卡。

　　羅馬尼亞知名產品包括榭達（Zetea）家族在西北隅匈牙利國界一帶生產的促伊卡，甚至還有一個專屬的名稱 Țuică Zetea de Medieşu Aurit，意思是「梅迪耶舒—奧里特的榭達促伊卡」。另外，還有產自南部山區的阿爾傑什促伊卡（Țuică de Argeş）。

　　克羅埃西亞用拉基亞（Rakija）這個字泛稱酒，常見製酒水果包括梨子與蜜李。根據製酒原料與配方，每種拉基亞都有專屬名字。以白蘭地而論，蜜李白蘭地通常直接稱作 Šljivovica，洋梨白蘭地則稱為 Viljamovka，蘋果白蘭地稱為 Jabukovača，梨子白蘭地則稱為 Kruškovača。克羅埃西亞家庭自製拉基亞相當普遍，就跟鄰國匈牙利一樣，民間自然形成把剩下水果拿來製酒的傳統。克羅埃西亞的家庭自製烈酒風氣之盛，當地人甚至會告訴你，如果只喝市售拉基亞，而沒有喝過家庭自製的拉基亞，那等於沒喝過克羅埃西亞的拉基亞。

　　相鄰的塞爾維亞境內，拉基亞可以跟克羅埃西亞一樣寫成 Rakija，或使用塞爾維亞獨特的西里爾字母系統，寫成 Ракија。

6-4 葡萄酒餾白蘭地的變奏

相同的白蘭地類型名稱，可能有不同指涉。譬如上一節介紹的匈牙利巴林卡，可以是葡萄果餾、非葡萄水果果餾、葡萄渣餾，或綜合果餾。相對來說，匈牙利巴林卡算是比較「中性」的名詞，不見得直接讓人聯想到葡萄製酒。

智利葡萄果餾皮斯科

南美洲的皮斯科，絕大多數情況下，屬於葡萄酒蒸餾烈酒，然而智利皮斯科卻可以「變奏」，成為同名但卻不同類型的白蘭地——葡萄果餾皮斯科。若是混摻其他水果製酒，距離皮斯科的形象就又更遠了一些。保加利亞的拉基亞，除了葡萄酒餾、葡萄果餾、葡萄渣餾之外，也有各式非葡萄果餾版本。相對來說，保加利亞果餾拉基亞的型態更為鮮明，而且已經構成獨立的範疇，以下要針對保加利亞果餾拉基亞介紹。

保加利亞果餾拉基亞

保加利亞果餾拉基亞，英文稱為 Fruit Rakya，當地稱為 Плодова Ракия，拉丁字母拼寫為 Plodova Rakya，常見製酒水果包括蜜李、杏桃、梨子、蘋果、榅桲、櫻桃、無花果、黃李、烏梅、蜜桃、黑莓與蜜瓜。果餾拉基亞通常帶有堅果香氣，伴隨花蜜氣息，口感通常乾爽不甜，裝瓶前也不添糖潤飾風味，尤其是未經桶陳培養的版本。

家庭製酒相當普遍，通常會使用莓果並摻用柑橘類水果，算是綜合果餾拉基亞，但在市面上很少見。此外，水果壓汁的殘餘渣滓也可以發酵後蒸餾製酒，但是實際上，水果渣餾拉基亞非常罕見。不要以為家庭自製拉基亞比較接地氣，商業生產版本才能反映保加利亞果餾拉基亞的真實品質高度，而且選擇非常多樣。

蜜李製酒極為常見，果味通常可以通過蒸餾，頗為完整地保留在

保加利亞的果餾拉基亞，多數不經桶陳培養，以無色烈酒形式裝瓶。葡萄、杏桃、蜜李、蘋果製酒則為特例，可以有桶陳培養。

烈酒裡，而且特別經得起桶陳培養，並得到桶壁萃取的香草、椰子風味。蜜李拉基亞經常標示為 Сливова Ракия，桶陳培養版本會出現 отлежала 字樣，經常使用透明玻璃瓶，呈現酒液的琥珀色澤。未經桶陳培養的無色蜜李拉基亞，果味通常尤其豐沛，但是觸感也可能慍烈一些，通常不被視為品質缺失；如果嘗起來缺乏果味，甚至偏甜，那麼就是風味老化的跡象，反而不是好事。

有些版本的果餾拉基亞，會經過靜置培養，消除新酒慍烈感，但是不使用橡木桶，避免風味干擾，保留水果烈酒的原始風味面貌。譬如梨子、杏桃與覆盆子的版本，通常會以無色烈酒形式裝瓶。由於各種製酒水果特點不同，最終成品的果味強度也不一樣，譬如櫻桃與蜜瓜風味，較不易通過蒸餾保留在烈酒裡，但是最佳產品通常能夠忠實呈現製酒原料鮮明而宜人的果味。

蜜李製酒的果味通常特別豐沛，如果香氣非常強勁，但是口感卻異常薄弱淺短，通常會造成不夠協調的感官印象，縱使沒有異味也會被認為是品質缺失。有些水果拉基亞會摻用另外萃取的精油作為調味，精油本身常有微弱的堅果風味，也會因此進入最終調配的成品。最好的果餾拉基亞不會使用精油調味，而是藉由原料品質與製程控管，來達到風味設計的目的。

Part 4

品味白蘭地

·

白蘭地品味

TASTE OF BRANDIES & TASTE FOR BRANDIES

或許你讀這本書，不是從第一頁讀起，而是直接翻到這一篇。是的，如果你想開始學習品味白蘭地，可以直接從簡單的品飲周邊常識開始吸收，而不一定要硬著頭皮從生硬的知識開始拼搏，即使這本書已經寫得很簡單易讀。

在這一篇裡，你可以得到包括選杯、調溫、聞香等實用的建議，也可以學到如何豐富自己的語言描述及表達詞彙，我會用干邑白蘭地為例，指引你透過一系列品飲習題，印證所學，並幫助你提升自己的感官敏銳度，彷彿有一位品酒師在身旁指導。最後，我們也將談談白蘭地在調酒裡的風味平衡，以及其他有趣的風味搭配，帶你邊玩邊學，彷彿一場風味遊戲！

CHAPTER 7

學習品味白蘭地
Elaborate Your Taste

7-1　白蘭地品飲程序與周邊實務

今天開始喝白蘭地！你該準備什麼呢？選對杯子，調好溫度，熟悉品飲程序，做好周邊實務，讓你事半功倍！這一節裡，你也將學會如何按部就班，從觀察顏色、嗅聞香氣、啜吸品嘗到描述口感，完整品評一杯白蘭地。第一次品酒就上手！

準備杯子，注意溫度，開始倒酒！

「白蘭地杯」不是首選！

傳統球形白蘭地杯，並不是品嘗白蘭地的品味首選。圓滾滾的杯身，可以用掌心加溫，似乎特別適合冬天窩著，在暖爐邊啜飲。這個美好溫暖的形象，其實有其歷史背景，但如今更適合稱為歷史遺跡。

白蘭地多半不產自高緯度地區，在中緯度白蘭地文化圈裡，自然發展出冬天純飲白蘭地的傳統。經歷 19 世紀下半葉的根瘤蚜蟲危機，歐陸葡萄製酒業遭到重創，威士忌起而代之。20 世紀中葉，以干邑為首的歐陸白蘭地產業想要奪回市場。首要之務，就是與威士忌作出形象區隔，白蘭地圓肚杯應運成了這場宣傳戰的先鋒部隊。各式酒餾、渣餾、果餾白蘭地，也都順水推舟，以致白蘭地圓肚杯稱霸了過去大半世紀。

曾經，用掌心加溫圓肚杯，冬夜啜飲，是白蘭地獨一無二的形象與喝法，也曾扳回一城。然而時代在演進，現代冬天喝烈酒，室內通常溫暖，不再需要加溫酒液，而且隨著烈酒品味改變，當代烈酒建議適飲溫度逐漸下修，專業人士也不再鼓勵加溫品嘗。

杯身修長高䠓的設計，尤其適合品嘗特別芳香的水果白蘭地；酒杯收口特別窄小，則有助於香氣收束。沒有杯腳的酒杯不易傾倒，特別適合在工作場合使用，蒸餾廠常見它的身影；甚至杯底有凹陷設計，可以用手指加熱酒液，幫助呈香物質散發，是蒸餾師工作時的好幫手。

對於專業品評來說，白蘭地圓肚杯腿短不易執持，杯身比例矮小，所以特別容易集中酒精，壓抑其他呈香物質表現，無法滿足專業需求。如今，圓肚杯儼然成了純粹賞玩與裝飾的酒具，或許適合業餘飲酒，而不適合專業品評。

通用標準杯適合品嘗各式葡萄酒、烈酒與少數缺乏碳酸與泡沫層的啤酒，曾經是酒類品評首選，但卻不是白蘭地的唯一選擇。法國干邑白蘭地公會曾經邀集國際專家齊聚一堂，使用不同形制酒杯，矇瓶試飲不同類型的白蘭地。專家們針對感官效果替酒杯評分，結果由鬱金香形烈杯勝出，通用標準品評杯居次。這個結果也符合當今趨勢，如今每個白蘭地產業都發展出專屬杯具，雖然杯形並不統一，但大致上都是以通用標準杯與鬱金香形烈酒杯為基礎。

難喝的酒，配難用的酒杯早期的卡爾瓦多斯，經常被簡稱為 Calva，這個略帶輕蔑之意的簡省說法，恰呼應了當時低落的酒質。這個早期留下來的「作弊杯」（verre tricheur），反映了人們如何應付喝酒場合。難喝，當然不會想多喝；小而厚，難就口，當然也不會愛用。

冰不冰，有關係！

白蘭地的溫度要求，比你想像的嚴格，卻也比你以為的嚴格還有彈性。

各式白蘭地的適飲溫度不同，除了掌握侍酒溫度，也要注意環境條件。乾爽涼冷的環境，最適合酒類品飲，否則感官印象容易遭到扭曲。涼爽定義因人而異，但是不應高於 26°C。多數白蘭地適飲溫度

介於 14 至 26°C，若是環境氣溫稍高，稍偏低溫侍酒可以延緩回溫，維持更長的適飲時間。

完美侍酒溫度不能理解為一個溫度點，而應該是一個範圍，而且各種形態特性的白蘭地，都有相對固定的適飲溫度範圍，其間的高低關係相對固定。芳香型酒款適合偏低溫侍酒，方能有更佳均衡；高年數酒款，適合偏高溫侍酒，澀感會更加溫和協調。足以造成風味差異的溫度，往往只在 1°C 之間。只要侍酒溫度合宜，每個溫度點都有不同感官表現。

不妨想像，你有三套不同的溫度標準可選：首先是相對低溫的專

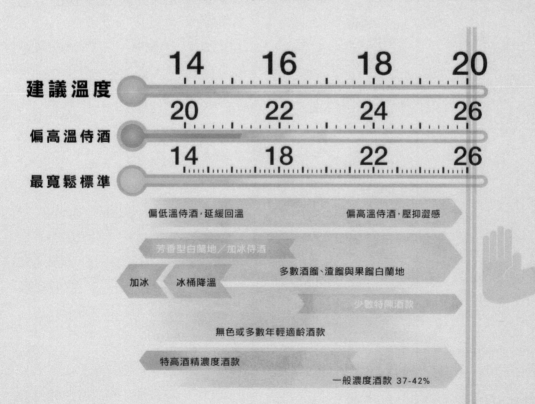

哪一支溫度計適合你？

適飲溫度有相對邏輯關係，你可以選擇自己偏好的溫度標準，調整不同酒款的品嘗溫度，充分享受不同類型與特性的白蘭地。

建議溫度　14　16　18　20

偏高溫侍酒　20　22　24　26

最寬鬆標準　14　18　22　26

偏低溫侍酒，延緩回溫　　偏高溫侍酒，壓抑澀感

芳香型白蘭地／加冰侍酒

加冰　冰桶降溫　　多數酒餾、渣餾與果餾白蘭地

少數特陳酒款

無色或多數年輕適齡酒款

特高酒精濃度酒款

一般濃度酒款 37-42%

避免超越雙黃線！

業侍酒溫度,約莫介於 14-20°C 之間;其次是由於消費市場環境條件、飲用習慣與個人偏好,如今相當普遍的偏高溫侍酒,溫度區間挪抬至 20-26°C;最後可以取聯集,溫度區間會加寬到 14-26°C。

雖然同一款酒在不同溫度品飲,會有不同感官效果,但是訓練有素的專家,能夠綜合考慮溫度對感官效果的影響,做出準確的評判。

不同類型白蘭地的相對適飲溫度

酒精濃度、風味熟成度、桶陳年數與澀感強弱,這些因素處於聯動,共同決定純飲白蘭地的適飲溫度。

常見的 37-42% 裝瓶濃度,適飲溫度多半處於中高段,相當於專業烈酒品飲的 16-20°C;酒精濃度愈高,溫度可以愈低,以壓抑酒精,但不需低於 14°C,香氣才能兼有節制與層次。侍酒溫度低於 10°C,將嚴重阻礙香氣發展;低於 6°C 則可能幾乎呈現無香。年數稍高,適合 18-20°C 稍偏高溫品嘗,以免突顯澀感。

拉基亞與皮斯科的適飲溫度特別寬廣且有彈性——不妨偏低溫侍酒,讓酒液在杯中逐漸回溫,在不同時間點呈現氣味、風味與觸感差異。起始溫度設在 14°C 就有很好的效果,一般空調可以輕易維持在 26°C,這也是白蘭地的適飲溫度上限。

國際烈酒競賽通常採取專業品飲的高溫區段侍酒,相當於 18-20°C。雖然有些酒款特別適合低溫品嘗,然而設定統一偏高的侍酒溫度,能夠滿足批評式品飲的需求,突顯酒款潛在風味缺失,有利評審工作進行。

降溫的技巧

不適合加冰塊,但是應該冰涼品嘗的白蘭地類型,譬如某些類型的智利皮斯科,可以善用冰桶降溫。如果酒瓶泡在冰水裡,冰水中不應有太多冰塊;冰桶也可以只有冰塊,把酒瓶放在冰塊上,才不至於太冰。當溫度下降到 6°C,就必須停止降溫,否則將導致香氣封閉。

有些白蘭地可以加冰品嘗,我們會在最後一節討論白蘭地調飲與加冰相關問題。

酒杯準備好了，溫度也調對了，現在可以倒酒了。倒酒份量的拿捏，以充分保留杯中蘊積香氣空間為原則。視酒杯容積，通常只需要斟酒1/5至1/10，甚至更少。有些酒瓶是扁的，怎麼拿比較容易倒酒呢？你看得出來嗎？酒瓶如果躺著，流量與流速比較穩定而且更好控制。

白蘭地開瓶後的保存

尚未開瓶前，避光避熱、直立靜置、瓶口密封，搭配控制環境溫濕度，避免異味入侵，白蘭地可以保存很久。一旦開瓶，就要注意保存。第一要件，是封口要緊密，以免揮發物質散逸。而且以軟木塞封瓶的白蘭地必須直立保存，這與葡萄酒不同，因為烈酒接觸軟木塞，將加速封瓶材質老化。

如果白蘭地只剩不到半瓶，不妨換用小玻璃瓶，減少空氣接觸。達到保存的最高境界，也就是凍齡。但是也有人嫌麻煩，直接擺進肚子裡保存，也有幾分道理。

布達佩斯大街上的巴林卡專賣店，櫥窗裡一瓶迷你樣品瓶，不但液面明顯下降，而且酒液霧濁。這很可能是由於封口不密，酒精蒸散後濃度下降，而導致脂肪酸酯析出的緣故。蒸餾廠裡難免長期積存樣品，偶爾也可以發現已經霧濁的白蘭地。

白蘭地的品飲程序與特點

　　建立一套標準的動作習慣，可以讓感官品評程序穩定一致，幫助累積有用的感官經驗。烈酒品評不同於其他酒類，從嗅聞到品嚐，有些環節特別值得初學者注意。

那麼刺鼻，怎麼聞？

　　人的嗅覺比味覺敏銳得多，而且味覺大幅仰賴嗅覺輔助。鼻塞的時候食之無味，其實不是味覺出了問題，而是聞不到氣味的關係。品酒非常仰賴鼻子，在真正啜吸品嚐之前，必須仔細嗅聞一番。品嚐是嗅聞的延伸，幫助確認嗅聞印象，甚至許多品質問題，單憑嗅聞即足以判斷。

　　香氣感知與溫度、酒杯、嗅聞方式都有關係。有些酒杯集香效果特佳，嗅聞時需要放緩吸氣，以免適得其反。初學白蘭地，不妨試著分段淺嗅，只需要一些練習與適應，熟諳烈酒品評程序，自然就會盡量貼近液面，甚至持續嗅聞。

　　初學練習時可以傾斜酒杯，讓鼻尖接近液面，閉氣，讓氣味分子自然飄進鼻腔，嗅得氣味後立即抽離。注意不要向杯中噴氣，杯壁內側如果凝結霧氣，就是不自覺呼氣的結果──這會將杯中蘊積的香氣推出杯外，影響後續聞香效果。習慣閉氣卻不噴氣，便可以嘗試輕緩吸氣嗅聞，此時嘴唇微張可以加強效果。

　　多數白蘭地剛入杯即散發香氣，不需等待「香氣開展」。但這並不意謂香氣不會改變，藉助正確嗅聞技巧，追蹤氣味變化軌跡，是認識白蘭地品質個性的重要技巧。

複雜度，我抓得住你！

　　捕捉香氣複雜度，是品酒最關鍵的技術之一。香氣是由多種物質產生混香的嗅覺印象，特定芬芳物質本身不見得有複雜氣味背景下呈

現的感官印象，譬如花卉香氣物質摻雜一些糖果、蜂蜜、香皂，甚至麵包氣味，反而能讓花香更像花香。品飲時就要藉由嗅聞方式、頻率與環境溫度，改變芬芳物質組成濃度與比例，幫助判斷香氣複雜度，優質產品通常富有香氣層次變化。

直接嗅聞杯中香氣，搭配數次晃杯、靜置與嗅聞，是真正開始品嘗之前，充分感知香氣複雜度的方式，這個階段得到的香氣印象，是所謂的「外部香氣」。酒液入口之後，則由於溫度、濃度改變，白蘭地會釋放出原本在杯中沒有展現的固有潛質，構成「內部香氣」。當口腔內已有酒味，再重複嘗試嗅聞杯中氣味，就不見得能夠再次嗅得原本的外部香氣了。但是若以水涮口，過一會兒，又可再次嗅得原本的外部香氣。

內部香氣的操作方法是趁口腔有酒時，稍微用嘴角吸氣、用鼻子呼氣，讓口中酒液散發的香氣，沿著鼻咽管進入鼻腔，並嗅得氣味。初學者練習時，可以含著極少的酒液，稍微低頭吸氣，避免嗆酒。當能夠在閉口呼氣時感知氣味，就練成了！

口中殘留酒液也會散發氣味，常稱「香氣持久度」。這是酒液離開口腔後，半分鐘內，感官與風味彼此拉鋸的效果總和──包括唾液酵素繼續分解物質產生的風味，某些芬芳物質逐漸減弱構成的印象，以及兩者之間的平衡與互動；縱使沒有出現新的氣味物質，感官對某些物質產生疲勞，對其他物質轉趨敏銳，也足以產生不同的感受。

感官疲勞可以是酒類品評的敵人，也可以是盟友，端賴你如何與之相處。身心疲勞必然是品評工作的敵人，包括睡眠不足、精神渙散、藥物影響等。但是上段提到的，是我們樂見的感官疲勞效應。最常見的技巧，是透過重複嗅聞，利用嗅覺疲勞機制，讓主導香氣的刺激暫時被大腦忽略，以便嗅得更細膩的氣味組成。

酒杯中的氣味分子組成與濃度，以及品評者生理狀況，都處於動態變化中。這些因素隨機組合，也會造成感知不斷變化。聞香時可藉由深淺緩急不同的吸氣，在短時間內嗅得層次差異。在持續操作最多約半分鐘後，即可利用嗅覺疲勞聞出不同的香氣細節。

傳授心法：風味輪廓像是拼圖，需要懂得如何一片片拼起來！

一杯酒裡的複雜香氣很容易讓人分心，尤其是不知道要從酒杯裡尋找什麼的時候，很容易迷失方向。初學品酒，不妨試著一次只專注於一個特定的感官特徵，用類似拼圖的方式，得到完整的風味圖景。隨著品飲經驗增加，敏銳度、專注力與熟練度都會提升，這時就可以逐步建立清楚的風味架構脈絡，在品酒的時候，也會更迅速精準掌握風味樣貌。

一口喝多少？一口喝多久？

烈酒初學者通常不適應酒精衝擊，但是配合有效的品飲技巧反覆練習，適應烈酒並非難事。品嚐時，不要讓烈酒自由流入口中，而要噘起嘴唇啜吸，藉此控制入口份量。適量的白蘭地入口之後，很快被唾液稀釋，由於溶解度改變，原本被封鎖的香氣會綻放出來。適合品評的一口份量，應控制在 10 毫升以內，否則將阻撓香氣釋放，而且不便操作；但也不應少於 3-5 毫升，否則加速升溫與稀釋，風味變化迅速但強度不足，無法充分掌握細節，徒增品評困難。

某些酒款的酒精灼熱感較為顯著，在品評時可讓酒液停留在口腔前段齒齦之間，待唾液分泌並稀釋酒液，才讓混合液接觸舌面。初學練習時不妨微收下巴，讓酒液順勢停留在唇齒齦之間，也能避免刺激喉頭或嗆酒。讓酒液與唾液混合後，充分與口腔各處黏膜接觸，可以提高風味感知機會與強度。但是品飲習慣因人而異，有些專家並不刻意讓酒液佈滿整個口腔，也不影響品評效率，甚至能延緩感官疲勞。

每個人感覺輕鬆自在的一口份量不太一樣，所以沒有所謂的最佳一口份量毫升數，只能靠自己揣摩，況且唾液組成與分泌量因人而異，感官敏銳度與盲點也不同。黃金規則是讓酒液在口腔停留五秒，混合唾液後也能輕鬆含著。最適一口份量的重點在於追求每次品評條件相對穩定，幫助累積有用的感官經驗，建立可靠的風味記憶資料庫。

優雅吐酒,是優雅品酒的一部分

　　烈酒專業品評與葡萄酒品評類似,吐酒是慣例。外界可能不容易想像,如果不吞入喉,怎麼嘗得出完整風味?是的,沒有吞酒確實少了一些感受,但是經過訓練的專家,能夠在不吞酒的情況下,正確評判品質。對專業品評來說,吐酒是利大於弊。哪怕酒量再好,攝取酒精必然加速疲勞,而吐酒依然無法避免攝取少許酒精,在數小時持續專注工作過程中,專注力也會漸漸下降。在品嘗酒款全部吐掉的情況下,烈酒品評單日工作量,平均上限為 50 款。

　　既然要吐,就要把酒吐得優雅漂亮。大方俐落地吐酒,不僅可以提升公眾觀感,對於從業人員來說,也可以提升專業形象。生產商與酒商專業人士,吐酒技巧通常純熟俐落,酒液以細柱狀吐出,而不會四處噴灑。在他們身上,吐酒動作彷彿一枚專業認證徽章。如果你只是參加業餘品酒會,你可能也會想要像他們一樣吐酒。只要練習方法得當,很快就可以學會。

　　吐酒技巧的揣摩與練習方式,因人而異。有些人說在吐酒前,要先將嘴唇向前聚攏,讓酒液集中至口腔前半段,以舌根的力量將酒液推出。有些人則是用收縮齒齦的方式,配合唇形,將酒向外推出,自然形成細柱弧線。找到適合自己的方式,一旦學會,就不會忘記。

酒色不迷人,迷惑的是你的心

　　別以為色深的白蘭地,就是風味更濃、品質更好的白蘭地。木桶種類尺寸、新舊程度、培養時間、庫房環境,乃至裝瓶前的調配,都會影響白蘭地的顏色外觀。顏色與品

「零調色」是義大利格拉帕品牌 Nonino 的重要溝通內容之一。

國際烈酒大賽評審桌上，高齡白蘭地類組裡，參賽樣本外觀普遍色深，有些可能經過調色，但是顏色外觀不是品質評量的主要指標。專家們可以透過風味判斷整體熟成與品質水準。水果白蘭地普遍色淺，評判標準也更著重果味表現。

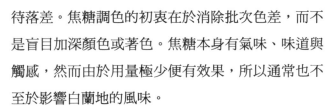

質之間的關係並不固定，別對顏色外觀抱持成見。

　　經過長期桶陳的高齡白蘭地，色深是正常現象。精彩的老酒並不是因為色深而偉大，而是擁有相應的風味層次。單純使用焦糖調色，雖足模擬陳酒外觀，但卻缺乏理應相伴的風味特性，最終只會造成期待落差。焦糖調色的初衷在於消除批次色差，而不是盲目加深顏色或著色。焦糖本身有氣味、味道與觸感，然而由於用量極少便有效果，所以通常也不至於影響白蘭地的風味。

　　白蘭地色深未必經過調色，色淺也不見得沒有使用焦糖。根據常識判斷，顏色極淺的酒款沒道理使用焦糖調色，但是中等金黃以上的酒款，就不無調色的可能。由於難以斷定是否調色，而且絕少影響風味，所以顏色外觀不是品評關注的重點。

　　年輕色淺的白蘭地，不見得青澀，也不見得不熟。風味熟成速度與天生體質有關——無需長期培養的白蘭地，甚至可以無色烈酒型態裝瓶，足以嘗出製酒水果在烈酒裡最原始的風味表現。無色，是白蘭地製酒水果大放異彩的顏色，這也是祕魯皮斯

白蘭地色卡

無色透明

剛蒸餾出來的烈酒,無色透明,稱為新製烈酒,不見得允許以特定白蘭地種類名稱銷售。

極淺稻黃－稻黃色
淺黃色－中等黃色
中等黃色－淺金黃色
淺金黃色
中等金黃－深金黃色

桶陳培養2-3年的年輕白蘭地,通常成色稍淺;若使用富有活性的全新橡木桶,賦色速度極快,只需2-5週即可上色,但通常不會全程使用新桶培養。以舊桶培養4年,也可能呈現相同的色澤。

深金黃色
極深金－琥珀金
淺琥珀色

在活性尚佳的橡木桶裡足齡培養,或者酌量採用較老基酒調配,色澤通常會落在深金至琥珀色之間。

泛紅的淺琥珀色
琥珀色
深琥珀色
淺紅銅色
深橘紅－泛橘的紅銅色
極深的琥珀色－淺紅銅色
中等紅銅色
深紅銅色－泛棕的紅銅色
極深的泛棕紅銅色

使用活性極佳的木桶培養4年,足以賦予紅銅色;使用活性稍差的舊桶,約莫8年亦足以達到深琥珀色。適齡培養白蘭地,搭配少量極深色的老酒,調配之後也可以落在這個範圍區間。

淺棕色
偏淺的中等棕色
泛紅的棕色－中等棕色
中等棕紅色
帶有寶石紅光澤的棕色
深棕色－暗棕色

經過長期桶陳培養,正在成熟或已達完熟,甚至正在衰老,都有可能呈現棕色。體質耐陳的烈酒,採用活性極佳的橡木桶培養6年,雖然足以賦予棕色外觀,但可能正要初熟而已;若是經過調色,更難憑藉色澤判斷成熟度。

極深的棕色－棕黑色

暗黑－黑不透光

極高年數的白蘭地,外觀黝黑,但不至於完全不透光。

科、某些智利皮斯科、保加利亞拉基亞、匈牙利巴林卡、義大利格拉帕,多種水果白蘭地與白色雅馬邑不經桶陳培養,而以無色烈酒形式裝瓶的原因,

---

勁爆新知：別再用上個世紀的舌頭喝酒了！

早期學界認為，舌尖專司甜味感知，舌翼傳遞酸味，但是這份「舌面地圖」已經過時。研究指出，舌面分布四種不同形態的味蕾，其內的味覺與觸感接收器夾雜共處。有些味覺接收器傳遞苦、甜與鮮，仰賴蛋白質作用；酸與鹹味則仰賴離子作用。也就是說，品酒時以酒涮口，讓酒液與舌面及口腔黏膜充分接觸，並不是為了避免錯過某種味道，也不是為了品嘗更多味道，因為特定刺激並不限於特定部位接收，而是為了提升感受整體強度，增進品評效率。

苦盡甘來？白蘭地也會回甘？

大多數白蘭地的糖分濃度不高，某些經過長期桶陳培養的白蘭地，在裝瓶前有添糖的傳統，藉此遮掩澀感或苦味，然而大量添糖也有可能增強酸韻，不見得帶來甜味。那麼，甜味從哪兒來呢？

白蘭地的甜味可能源自桶壁萃取的橡木三萜糖（Querco-triterpenoside, QTT）。有一種三萜糖的甜味強度，甚至是蔗糖的八千倍，歐洲細紋橡木裡的含量尤豐。不過，某些三萜糖不甜反苦。歐洲寬紋橡木品種的甜味三萜糖含量較少，苦味物質較多，因此這類橡木桶可能會帶來苦味。如果使用美洲橡木製桶培養白蘭地，那麼產生苦味的機率極低。

美洲橡木的風味萃取物，多表現為香草與椰子，經常被描述為「香甜」——其實這類氣味物質本身不帶甜味，而是在嗅—味覺共感作用之下，產生甜味聯想或自我暗示。這些物質的水溶液也讓人產生甜味想像，但是嘗起來完全不甜。以「香甜」來表達感受，足以忠實傳達感官現實，但是「香而不甜」才是科學事實。

美洲橡木製桶培養的白蘭地，有時收尾會浮現香甜風味，讓人感到回甘，現在你知道原因了。有時候，這種回甘的甜味感也來自酒精，學界稱之「酒精的致甜效應」，我們在下文還會深入探討酒精帶來的諸多風味效應。

Camus Île de Ré 屬於干邑一般林區 VS 等級酒款。整體表現相當粗獷而年輕，散發梨子、蘋果、糖漬桃子氣味，些許香草，伴隨少許柑橘。入口輕盈，很快發展出頗為慍烈的酒精灼熱。根據原廠說法，可以嗅出海風氣味，你也可以試試看。

你遇過嗎？白蘭地的酸鹹好滋味

鹹味不見得與鹽分有關；鹽類可酸、可苦，不見得鹹。干邑產區西海岸外有海島葡萄園，使用這裡的葡萄收成製酒，據信由於常年海風吹拂，白蘭地也帶有海風氣息，然而葡萄農面臨最大的挑戰是如何讓葡萄樹適應鹽鹼值偏高的土壤環境，而不是控管白蘭地裡的鹽鹼風味。

白蘭地的鹹味可能是特定風味帶來的想像，也可能是風味互動造成的總體感受，有時可以溯源至蒸餾設備或桶陳培養過程的風味衍生物，而這些物質實際上並不鹹。包括白蘭地在內的多種酒類品評，鹹味都不是品質評判依據——嘗得出來也好，嘗不出來也罷，鹹味極少影響整體均衡與品質評判。

酸味在白蘭地裡扮演的角色，則相對重要一些。白蘭地桶陳時間拉長，乙醇氧化產生醋酸的機會提高，老酒裡的醋酸也會增加。微量醋酸可以讓口感更富層次架構，而且由於具有揮發性，氣味也更顯立體芬芳。微量醋酸能夠緩和單寧澀感，並讓老酒風味架構顯得均衡、立體、明亮，也可以讓來自桶壁萃取的焦糖、香草、烘焙氣味顯得飽滿而不失清爽。然而，酸味特性、強度或比例不恰當，卻可能構成缺

失；譬如強烈的醋酸、乳酪、羊脂、牛油氣味，通常不太討喜。這類風味缺陷在市售產品裡較罕見，因為若是出現，通常不會裝瓶販售。

別只顧味道，也要注意口腔觸感

品酒的時候，光注意香氣與味道是不完整的。質地份量、澀感與酒精刺激等細節，也可能藏著等待發掘的祕密。口腔觸感是廣義味覺構成要素之一，通常可分為：質地觸感──包括包覆感、乾澀感、油滑感與溫熱感；以及份量觸感──輕盈或飽滿感受。侍酒溫度偏低時，酒精會帶來油潤凝練的觸感，可以描述為口腔包覆（mouthcoating），就屬於質地觸感；帶渣蒸餾的白蘭地，往往酒體更為飽滿圓潤，就屬於份量觸感。

澀不是味道，而是觸感，通常表現為乾爽或粗糙感受。乾爽是中性描述，是指觸感明快的易飲特性，粗糙則是負評，表達熟成環境條件不良、木桶品質不佳，或者過度萃取單寧的風味效果。白蘭地在桶陳培養過程中，會由於來自桶壁萃取的單寧增加，澀感漸趨明顯，若烈酒本身風味老化，將會更顯粗糙、苦澀、乾癟。有些白蘭地老酒會澀，有些卻不澀，根據研究，這與酸鹼值有

在國際烈酒賽事裡，質地觸感通常劃入風味範疇考慮。

關。稍事陳年及長期桶陳的白蘭地，酸鹼值範圍並不相同，如果單寧濃度相仿，澀感表現也不會一樣。通常酸度較強的高齡白蘭地反而不易顯澀，正是這個道理。

　　酒精也是烈酒的觸感要素之一。酒精本身並不會辣，辣椒素帶來的燒灼感才是辣，雖然酒精對口腔黏膜造成的感受，也經常被描述為辣，但這是詞彙誤用。酒精在烈酒裡的觸感常態，是造成溫熱與共構圓潤柔軟，有時則加強既有的刺激乾爽風格。酒精的觸感品質對烈酒品評來說非常重要，太過灼熱刺激通常會被視為缺失。酒精觸感取決於酒精濃度高低、蒸餾與培養工序。在20-26°C之間的偏高品飲溫度，稍烈酒款通常更顯刺激；14-20°C正常品飲溫度下，通常會展現油潤飽滿的觸感，或者風格細膩芬芳酒款應有的清新、輕巧與立體感。

　　初嘗白蘭地，可能由於還不習慣酒精刺激，而無法正確評判口腔觸感。不妨少量抿酒作為練習，習慣酒精刺激之後，再試著啜吸正常量的酒液，便能開始琢磨如何正確評判口腔觸感。

品飲程序總結與回顧

　　這一節，我們談了從嗅聞到品嘗的每個步驟。記得！不只要做得有模有樣，還要知道目的是什麼。

　　酒類品評是藉由不同感官面向，看清品質與審美特徵全貌；從嗅聞、觀察到品嘗，猶如不斷建構、檢查與調整觀點的過程。嗅聞與入口第一印象，不足以構成完整評述。嚴謹的品評應該檢查比對初步印象與中段風味表現，乃至收尾與餘韻，是否共構和諧整體，並注意風味變化，從批評的角度描述品質特性。

　　入口大約五秒鐘就會進入中段風味，發展出不同於第一時間的風味衝擊，產生明顯可感的風味差異，口感份量質地也因酒而異。這是印證嗅聞與淺嘗所得印象的關鍵時機，也或許是品飲者心思最忙碌的時候——不但要兼顧此時在口中發展出來的風味變化與觸覺特性，還要注意其間互動效果，以及嗅覺與味覺的整體協調。

品飲各階段的關注重點

品飲階段	狹義風味感受（化學感覺）	廣義風味感受（物理感覺）	整體綜合評論（抽象品質）
嗅聞	氣味分層與辨識	酒精刺激感 揮發物質嗆感	複雜度、純淨度 協調性
入口	風味衝擊	酒精刺激 侍酒溫度	味—嗅覺協調性 風味架構與均衡
中段	風味發展	觸感質地與份量 灼熱或溫熱	
收尾	風味轉變與苦韻	乾燥感／甜潤度	純淨度、協調性 複雜度、持久度
餘韻	長度、強度與變化	澀感出現或延續	

品酒的時候，要不就是花很長的時間嗅聞，要不就是忙著寫筆記。現在你知道原因了——原來每個階段都有許多細節需要觀察，而且還要準確記錄下來。

傳授心法：單杯品飲：好好喝每一杯酒

　　用正確而規範的品飲方法，才能累積有用的感官經驗。知道了品飲每一個階段的關注重點，只要開始好好喝每一杯酒，假以時日，就能提升感受表述能力，甚至養成絕對味蕾。

　　在沒有比較的情況下，單杯品飲雖然喝的量少，但卻不見得輕鬆簡單，因為沒得對照。單杯品飲的學習方式，講求絕對味蕾、精準記憶、廣博知識與豐富經驗。我建議你採取主動出擊的策略，積極尋找風味特點與缺失，主動檢查每個項目範疇，避免被酒款最顯著的感官特徵牽著走。

　　白蘭地的外觀、氣味、味道與觸感，每個感官範疇都對應一個或多個品飲階段。一旦熟練操作程序，便不用擔心品飲時會遺漏重要項目。某些風味特徵相對不重要，在熟習之後可以簡單帶過，把精神與時間留給其他細節分析。初學單杯品評，訣竅無他，要記得踏到每一塊疊板。至於比較品飲，我會在下一節的〈品飲習題大補帖〉以實例講述與示範。

7-2 白蘭地感官評述與風味溯源

延續上一節講述的觀察顏色、嗅聞香氣、啜吸品嘗與描述口感,熟悉這些品飲程序之後,現在我要帶你掌握風味語彙,並循著線索推敲風味根源,並辨認製酒與保存問題所造成的風味缺陷。

白蘭地品飲語言速成班

這一節,我要用兩個氣味輪盤,讓你對傳統條列清單式的氣味輪盤改觀,提升你的風味描述能力,幫助你建立溯源式品飲的觀念。

找到合適的語言表達

品飲就是將無形感受,化作有形文字,初學者遭遇的問題,不見得是感受不到風味,而是找不到合適詞彙。這時不妨利用風味輪盤作為備忘清單。然而,應該要搭配不斷練習與揣摩,琢磨語言表達能力,不應滿足於死板的詞彙。此外,最好可以運用原料製程知識,判斷風味根源。我以干邑白蘭地為例,示範如何把風味輪盤變成不只是一份備忘清單,而是藉助風味溯源式思考,幫助理解品質特徵,提升品飲之樂。

氣味樣本是個不錯的工具,但是藉此建立感受與具體詞彙對應,只是開端,遠非學習品酒的終極目的。況且真實環境裡的氣味概念,通常也不止單一對應。

原料製程的氣味線索

透過仔細品嘗一杯白蘭地,可以找到風味線索,循線推敲風味根源。〈溯源品飲羅盤〉是把實用的品飲邏輯變成輪盤形式,初學者可以藉此思考來自製酒水果原料、發酵與蒸餾製程的風味特徵。經過桶

干邑白蘭地風味溯源輪盤

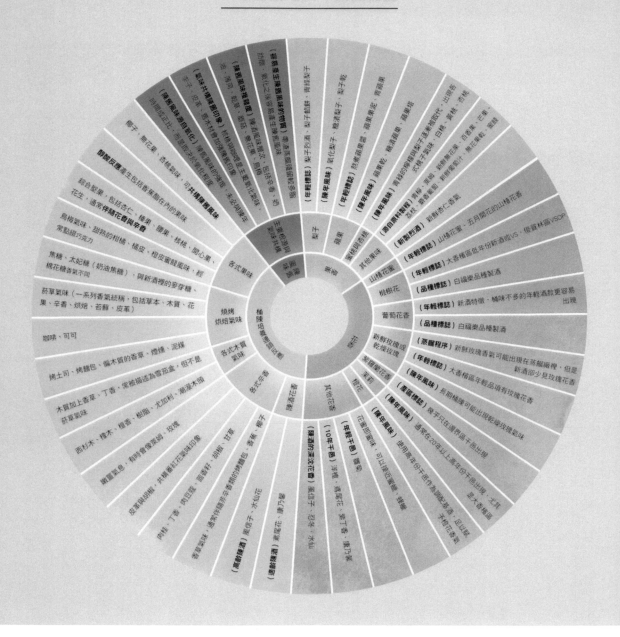

陳培養的酒款，還可以推敲製桶橡木品種、培養年數高低、調配工藝等細節。前一個〈干邑白蘭地風味溯源輪盤〉是實際應用範例，如果你是特定類型白蘭地愛好者，也可以綜合兩個概念，做一個屬於自己的輪盤。

溯源品飲羅盤──白蘭地的風味線索

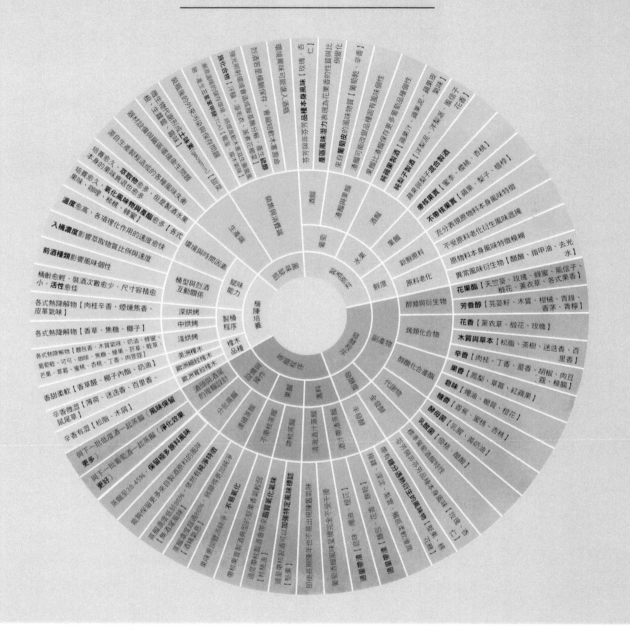

品飲習題大補帖

　　身為入門品飲者，你需要一個好的入門導師，但是老師不在身邊，要怎麼練習品酒？以下是一套具有可比邏輯基礎，完整的品飲習題範例與重點提示，以市面上常見、容易購得的干邑白蘭地作為素

材。你只要循著指示進行品飲練習，就可以幫助培養邏輯思考，開發感官潛能，讓你逐漸具備多重因素綜合分析的能力，並理解各項錯綜複雜的要素，如何形塑廠牌風格差異，造就細膩多樣的風味世界。

產區基礎個性

這是最基本的品飲習題，你可以參考本書所述干邑各產區風味標誌，用市面上容易購得的基本款，進行比較品飲。有些品牌使用單一葡萄種植區收成製酒，可以作為出發點。要特別注意，調配不同種植區烈酒的干邑白蘭地，其風味效果與差異，並不見得來自產區調配比例。需要累積更多經驗，具備多項變因分析的能力，才能透過品飲印證與解讀，算是進階練習。

這裡以 Maison Guerbé 品牌的 Grande Champagne Rare Réserve 1er Cru 以及 Petite Champagne Tulipe Prestige，作為大小香檳區比較品飲示範。這款大香檳區干邑，花香豐沛、輕巧細膩、收尾乾爽，餘韻略帶梅子果味。小香檳區兼有花香與果香，帶有明顯的糖蜜、蜜餞深色果實與黃桃果醬般的香氣。口感柔軟溫和，收尾微甜，最後發展出鮮明的薄荷，果味持續，帶有些許酵母風味。在這份習題中，要能夠察覺大香檳區的花香表現更為豐沛強勁，整體較有線條與層次，小香檳區則柔軟甜潤，花香果味彼此均衡。如果品嘗其他品牌大小香檳區干邑白蘭地，也能與此對照，歸納廠牌個性。

葡萄種植區的風味潛力與陳年變化

使用大小香檳區葡萄製酒，年輕烈酒風味特別慍烈，需要時間熨平刺激的花香與堅實口感，大香檳區尤其如此，既有陳年需要，也有陳年實力。我們可以把大香檳區、小香檳區以及香檳區混調干邑視為一個群組，與其他種植區的干邑白蘭地比較。通常會發現，大小香檳區的酒款，幾乎至少要 VSOP 以上的等級，才能達到某個程度的圓熟。

另外也可以使用相同品牌的 VS、VSOP、XO、Extra 來比較陳年風味變化，老酒會有更多陳酒與氧化風味。但要注意，特定風味強度不見得與桶陳時間、氧化強度相關，因為風味之間存在複雜的動態平衡。此外，還要考慮調配技藝操作與廠牌風格設計因素。同一個品牌的不同等級裝瓶，風味差異也並非是單純的酒齡反映。這可以發展成為進階品飲習題，需要具備多重變因分析能力。

我們這裡先用 Frapin 品牌的大香檳區 VS 與 XO 兩個等級酒款作為示範。VS 呈現鮮明的年輕特性，包括桃子、花香與香草，帶渣蒸餾特徵鮮明，口感雖然年輕，但卻相對飽滿。很有趣的是，還隱約帶有新製烈酒般的氣味。XO 則花香細膩，底層有甘草、太妃糖香。入口觸感軟甜溫和，中段架構頗為堅實，收尾乾爽，餘韻有澀。回香有鮮明的杏仁香氣，帶有橡木賦予的薄荷香氣，酒精也加強薄荷香氣。

在這項習題中，可以注意兩個重點：首先是在 VS 裡的年輕烈酒

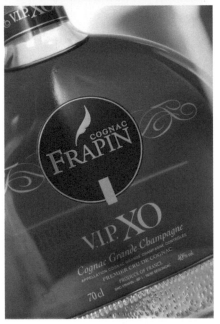

風味，有哪些通過了桶陳培養，留在 XO 裡；其次是大香檳區的慍烈個性，在這款 VS 裡的表現是相對宜人的，原因是由於帶渣蒸餾，賦予平衡風味因子；再則，Frapin 是大香檳區經典品牌，連等級最低的 VS 裝瓶也能有相當的成熟度。

清澈酒汁蒸餾與帶渣蒸餾

前一項習題裡，提到 Frapin 素以帶渣蒸餾聞名，另外一個知名的帶渣蒸餾廠牌是 Rémy Martin。多數干邑廠牌都採用部分帶渣蒸餾製程，以 Hennessy 為代表。採用清澈酒汁蒸餾，也就是完全不帶渣的特例是 Martell。這四個廠牌的 VSOP 可以擺在一起比較。

Martell 的 Noblige 屬 於 Napoléon 等級，有時更容易購得，也可以用來代替 Martell VSOP。這款干邑散發赤裸直接的紫羅蘭花香，烏梅般的蜜餞香氣，木質氣味頗為強勁，但不至於壓過花果蜜餞。入口之後，可以嘗到香草、梨子、青檸，圓潤豐厚，觸感紮實，架構並不宏大。Martell 使用特隆塞橡木製桶培養，單寧不易萃出，較為溫和，然而香氣豐沛。整體來說，風味層次更勝架構。收尾乾爽略帶澀感。餘韻有相當多的紫羅蘭與蜜味。

　　Hennessy 的木質香氣頗為顯著，點綴肉汁氣味，已有陳酒的皮革氣味，底層花香與果香源源不絕，還有堅果與穀物氣味，頗有層次與複雜度。觸感溫和，帶些許酵母風味。收尾以木質與辛香風味主導，綴以柑橘、梅李果味。兼具風味層次與強度。餘韻悠長而富變化。

　　Rémy Martin 的帶渣蒸餾風味標誌鮮明，嘗得出酵母風味，整體較為豐厚強勁，對於大小香檳區混調品項來說，熟成度非常好。

　　Frapin 與 Rémy Martin 採用香檳區葡萄製酒，皆以含蓄花香主導；Martell 則展現邊林區的紫羅蘭風味特色，赤裸強勁；Hennessy 則帶有鮮榨葡萄風味，展現來自優質林區的鮮明標誌。不同品牌酒款背後各有自己的產區特徵，看似缺乏比較基礎，但是在這個例子上，帶渣蒸餾的特性不會被遮掩。

　　帶渣蒸餾的 Frapin 呈現更多風味層次、酒體較為厚實，餘韻也較悠長。同樣也是帶渣蒸餾的 Rémy Martin，甚至嘗得出一絲酵母風味，整體風味也明顯較為豐厚強勁。Martell 特別柔軟，果味表現尤其純淨，完全沒有帶渣蒸餾常見的橙花香氣。Hennessy 則介於以上兩者之間，沒有像是 Rémy Martin 那樣的微弱酵母風味，也比完全不帶渣的 Martell 多了一些份量與觸感。

　　雖然單一要素通常與其他製程與原料因素互動，很少純粹單獨呈現為特定感官特徵，但是帶渣蒸餾所賦予的風味，卻是難以遮掩的個性。在這份習題中，Frapin 以及 Rémy Martin 都是實例，帶渣蒸餾賦予的風味複雜度、份量感與餘韻長度，確實嘗得出來。

蒸餾效果與純淨哲學

帶渣／不帶渣的比較習題，可以更進一步延伸為綜合比較。除了待餾酒汁帶渣與否，也就是清濁程度之外，酒尾的回收與再餾程序設計，以及製桶品種與烘焙度，這些也都是造就不同風味個性的要素。不帶渣蒸餾與帶渣蒸餾，都可能表現出純淨明亮的風味感受。純淨哲學的理念相似，但是作法卻不一樣。

這個習題裡，我們要比較 Rémy Martin 與 Martell，這兩個廠牌的風味樣貌很不一樣，一個帶渣，所以更加深沉，一個不帶渣，所以更加輕盈，但兩個品牌的系列酒款，卻都呈現出某種神似的純淨明亮感。我們可以藉由比較品飲，將之歸因於不同的蒸餾與培養工藝程序。

Rémy Martin 使用的帶渣蒸餾程序，能夠賦予風味份量，但是酒尾與下一輪的待餾葡萄酒一起蒸餾，能夠有更好的風味淨化效果，搭配使用利慕贊橡木製桶培養，塑造溫暖不失明亮，毫不沉滯的調性。Martell 以清澈酒汁蒸餾，烈酒本質輕盈靈巧，酒尾投入下一輪的低度酒再餾，保留較多的初餾烈酒風味，搭配使用特隆塞製桶培養，在整體輕盈之餘，增添更多來自桶壁萃取的繁複風味，成品風味在飽滿之餘，烈酒輕巧的本質依然鮮明。

如果無法體會，不妨用 Hennessy 作為對照，部分帶渣蒸餾，酒尾與下一輪低度酒再餾，兼用不同品種法國橡木製桶培養，再加上以果味豐沛的優質林區作為主體，整體來說，比 Rémy Martin 與 Martell 更具飽滿深沉的果味表現。

橡木品種、用桶策略與風格設計

在上一個習題裡，提到製桶橡木品種對干邑白蘭地風味的影響。我們可以利用 Bisquit、Hennessy、Martell 這些廠牌，嘗出特隆塞細紋橡木主導的風味特徵；Louis Royer、Rémy Martin 等廠牌則可以作為利慕贊寬紋橡木風味的範本。

這裡以 Bisquit 與 Louis Royer 的 VSOP 等級酒款為例，它們頗能展現不同製桶品種的個性差異。Bisquit 果香相對較多，焦糖、糖漬水果、烏梅；口感豐盈柔軟，充滿水果風味，充分表現特隆塞細紋橡木的風味標誌，餘韻接近柑橘；收尾與餘韻微帶甜味，柑橘、瓜果風味持久。Louis Royer 則有純淨的芬芳香氣，花香與柑橘果香；觸感相對乾爽立體，稍顯嚴肅，木屑般的乾燥辛香，是來自利慕贊寬紋橡木的風味特徵；風味飽滿強勁，收尾乾爽，風味持久，餘韻微澀。

干邑白蘭地也可以運用老化與陳年風味，作為形塑風格的手段，這也是與橡木桶有關的比較品飲習題。我們可以用 Hine 與 Baron Otard 這兩個品牌的 Fine Champagne VSOP 為例。Hine 追求果味呈現，陳年風味非常含蓄；Baron Otard 則以氧化與陳酒風味知名，平均桶陳培養時間也特別長。

Hine 酒款散發混有奶油香氣的花香，入口之後，以葡萄本身的花果風味主導，木桶風味較為含蓄，些許皮革、胡椒。細膩均衡。回香帶有含蓄的梅子與花香，擁有良好的複雜度與層次，顯得相當年輕。Baron Otard 的花香細膩含蓄，入口頗多薄荷般的風味與酒精本

身的辛香,持續到餘韻;帶渣蒸餾的特性不太顯著,不過整體相當柔軟厚實,芳香而均衡,明顯帶有核桃油、皮革、燒烤杏仁、核桃、甘草、菸草與烏梅風味,氧化風味非常鮮明。

你準備好,踏上追尋之旅了嗎?

在以上的習題範例當中,我示範如何比較相同類型的不同品牌,透過異中求同、同中求異,幫助歸納感官經驗、認識干邑白蘭地。在練習的過程中,你也能夠磨練感官,提升敏銳度,充實品飲經驗。如果你覺得收穫很多,很有成就感,你其實就已經具備了自修的能力。

你可以用習得的品飲與思辨能力,探索世界其他經典白蘭地,並藉此熟悉水果蒸餾烈酒的風味光譜。這本書的相關章節已經替你準備好所需的白蘭地基本知識,我期許你可以順利踏上這段探索之旅,白蘭地世界將全面開啟你的烈酒視野。

7-3 白蘭地調飲基礎與風味遊戲

　　這本書已經接近尾聲，在最後一節裡，我要延伸談一談白蘭地純飲以外的主題，可以總結為非純飲白蘭地的相關種種。我們將以年輕的各式白蘭地為例，探討包括加冰在內的調飲相關議題。

白蘭地加冰、調製大杯冷飲與風味平衡

冰塊，令人欲拒還迎

　　談到白蘭地調酒，首先要知道的是，有些白蘭地特別有純飲價值，如果可以的話，避免用來調飲。譬如干邑白蘭地不是不能摻水、加冰、調酒，而是別用 XO。如果想要喝冰涼一些的 XO 等級干邑白蘭地，可以設法在不加冰的條件下，讓酒與室溫都涼爽一些。年輕的各式白蘭地都可以嘗試加冰品嘗，包括干邑、卡爾瓦多斯、拉基亞、皮斯科。

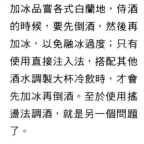

加冰品嘗各式白蘭地，侍酒的時候，要先倒酒，然後再加冰，以免融冰過度；只有使用直接注入法，搭配其他酒水調製大杯冷飲時，才會先加冰再倒酒。至於使用搖盪法調酒，就是另一個問題了。

保加利亞的拉基亞專家特別建議，如果要加冰品嘗，應該先倒酒再加冰，這樣可以減緩融冰速度；有些拉基亞則應該隔水降溫，把酒瓶放在冰桶裡，要喝的時候再倒酒。其實，特別濃郁多果味的年輕白蘭地，包括無色版本的智利皮斯科，也都適用這項原則。

多喝水，還是少喝水？

冰塊加得愈多就愈不容易融化，融冰愈少，調飲風味濃度就能維持愈久。所以，別以為一整杯的冰塊，是為了要讓你多喝水。不過，有些場合卻是一邊喝酒，一邊多喝水。譬如最通俗的「水果雞尾酒」做法，就是把所有材料浸泡在一起，包括糖漿、水果、辛香草葉、白蘭地。投入冰塊，愈喝愈淡。水果雞尾酒要好喝，要特別考慮濃度、溫度與苦甜均衡度。但更多時候，這種場合根本沒在考慮這些細節。

調酒的心法：風味平衡與創造

選擇合適基底，掌握風味走向

記得考慮基酒的「適用性」（mixability）。就算是同一種類型的基酒，不同品牌與裝瓶的個性與平衡特徵不盡相同，使用前必須試飲。譬如同樣都是普級卡爾瓦多斯、干邑白蘭地，但是製酒水果、種植園區、品種比例與蒸餾製程不同，都會造成品牌間的品質差異。用作調酒基底時，也可能因此產生不同的風味效果。

如果只需要豐沛的果味，可以選擇無色白蘭地，而不是棕色白蘭地。以卡爾瓦多斯為例，無色版本與棟夫龍版本的果味表現都特別豐厚。以普級卡爾瓦多斯名義裝瓶的酒款，雖然看似等級較低，但有些裝瓶的果味卻異常豐沛濃郁。通常如果不特別追求果味，可以採用陳年 2-5 年的各式白蘭地作為基酒，兼有複雜度與持久度。

絕大多數的白蘭地，由於不帶強勁的特殊辛香，因此在調酒領域裡頗富彈性，而且不至於中性乏味。只要有通寧水、薑汁汽水、各式果汁，可樂與汽水，就能簡單調製美味的冷飲。就算再怎麼不起眼的配方，也可能讓人想要一喝再喝。

認識平衡效應，熟稔風味互動

碳酸與甜味能夠撫平風味的稜角，這也是為什麼不太喝酒的人，碰到一杯碳酸與甜味主導的調酒，特別難以抗拒的原因。有些人是可樂愛好者，只要加了可樂與冰塊就覺得好喝。某些風味結構強勁卻相對簡單的白蘭地，直接加冰塊與可樂，就是一杯討喜的冷飲。在這樣的風味結構裡，酒精本身的軟甜與芬芳，通常會顯得特別討喜。

年數較高的各式白蘭地，由於經過長期桶陳培養，更適合純飲品嘗，而不適合作為調酒配方。然而，老酒風味更為深沉，譬如卡爾瓦多斯老酒會發展出焦糖蘋果、辛香風味細節與鮮明的乾爽澀感。如果要用白蘭地老酒來調製，最適合簡單的配方，襯托老酒本身的個性，譬如 Old Fashioned。調酒酒譜寡婦之吻（Widow's Kiss）傳統使用卡爾瓦多斯，以及 Chartreuse 與 Bénédictine 藥草烈酒，如果改用

Pisco Sour 是經典而簡單的調飲，最好的作品，會有精彩的酸甜均衡。基礎原料只有皮斯科、檸檬汁與糖。糖可以用糖水的形式調進酒裡，比較粗獷卻也討喜的作法，是用檸檬汁沾濕杯口，然後滾一圈滿滿的砂糖，邊喝邊咬糖粒，趣味十足，但最好趁蜜蜂發現之前喝完。

陳年卡爾瓦多斯，藥草烈酒的用量壓得更低，就成了風味細膩的不同版本。

調飲是一場風味平衡遊戲，最好的調酒都有共同的特徵，通常可以歸納成三個重點。從風味結構來說，首先要達到苦甜平衡；從風味層次來說，要有宜人的風味變化；最後，從味─嗅覺共感機制來看，一杯成功的調酒，要達到氣味與味道的整體協調，也就是既要有味覺衝擊，也要有相應的氣味表現。

大膽開創自己的風味實驗室

調酒專業領域已經創造並累積了不少經典酒譜，配方通常有其時代背景與創意要素，從風味角度來說，也有內在邏輯與原理，正因為這些風味原理，我們可以思考如何以白蘭地代替經典配方成分，發揮調酒創意。通常白蘭地可以直接代替伏特加、某些蘭姆酒與威士忌，或者不同種類的白蘭地之間互相取代。

至於琴酒、各式香甜酒與某些蘭姆酒，由於與白蘭地天生體質差異較大，因此不見得能夠直接替代。不過，有時候大膽嘗試也會有出乎意料的效果，甚至只是不小心倒錯酒，也能創造新的酒譜配方。譬如在 Negroni 裡，用卡爾瓦多斯取代琴酒，讓原本以琴酒為基底的辛香協調結構，改以果味與甜苦風味彼此均衡。

突破框架思考，白蘭地的風味遊戲，可以調飲、可以搭餐，甚至可以直接噴在餐點上，當成調味料。圖為義大利格拉帕酒廠 Nonino 研發的格拉帕噴霧調味瓶。

別忘了，風味實驗室沒有侷限

過去十年以來，調酒界吹起一陣新旋風。嫩薑與小黃瓜，一個刺激，一個清爽，卻都大受青睞，幾乎成了檸檬皮與薄荷葉的繼承者。這類創意讓人眼睛為之一亮，但是司空見慣也就不足為奇了。這也是為什麼調酒配方永遠在變化，你永遠有創造的空間與發光發熱的機會！

　　原則上，調酒裡的所有白蘭地基酒，都可以用不同種類的水果蒸餾烈酒取代，創造不同的風味樣貌。譬如用蘋果蒸餾烈酒，取代葡萄蒸餾烈酒。經典的側車（Sidecar）是用干邑白蘭地作為基酒，可以直接用卡爾瓦多斯取代，成為以蘋果風味主導的新版本。

　　藉由分析白蘭地經典調酒配方，發掘酒譜背後的風味法則，美味組合不是偶然，而是有理可循的設計。你可以把這當作一場風味遊戲，品味沒有絕對，掌握一些基本的技術心法，你可以創造屬於自己的風味！我把研究更多酒譜、試作與品嘗的樂趣留給你。

全世界都在喝白蘭地配咖啡！

以酒涮杯：北義咖啡杯不用水洗

　　北義有悠久的格拉帕傳統，已經深入日常生活，當地發展出一種稱為 rasentin 的格拉帕喝法。用餐之後來杯義式濃縮咖啡，加糖之後不讓砂糖完全溶解，一口喝完咖啡，杯底會有殘糖，這時倒入一些

所謂以酒涮杯，不是美酒加
咖啡，而是喝完咖啡之後，
用格拉帕涮杯，讓美酒加上
咖啡的味道。

格拉帕，涮洗殘留的咖啡油脂，順便讓糖溶進酒裡，然後一口喝掉。
這個喝法來自動詞 rasentare，是洗滌的意思，顧名思義就是用格拉帕
洗咖啡杯。義大利東北部的第里雅斯特（Trieste）有深厚的咖啡文化，
碰上佛里烏利的格拉帕傳統，於是就催生了這個美酒加咖啡的喝法，
並逐漸傳播。

在濃縮咖啡裡，直接倒入一
些西班牙赫雷茲白蘭地，搭
配黃檸檬、肉桂，算是相當
經典的喝法。

雖然以酒涮杯的品味更細膩
一些，不過世界各地更普及的喝
法，卻是美酒直接加咖啡。在
義大利稱之 caffè corretto，意為
「調整過的咖啡」，言下之意當
然是把咖啡的酒精濃度稍微調
高。每個地方的用酒都不一樣，
可以是葡萄酒餾白蘭地、蘋果酒
餾白蘭地，甚至是調味過的水
果烈酒。在西班牙，直接把濃縮
咖啡跟各式烈酒一起喝，被稱為
carajillo，詞源來自西班牙語的

coraje（勇氣），相傳是從軍隊裡發展出來的飲酒傳統。

法國諾曼第也有類似的喝法，被稱為 Café-Calva，也就是咖啡（Café）加卡爾瓦多斯（Calvados）。可以用酒涮洗咖啡杯底，也可以直接混著喝。這項傳統其實反映了咖啡與烈酒品質都很差的陰霾過往。當時人們就這樣把品質不好的飲料混合，反正不會更難喝。20 世紀上半葉，卡爾瓦多斯在法國境內的形象低落，就與這種喝法有關。生產端恨不得人們忘記卡爾瓦多斯配咖啡的喝法，如今，咖啡與烈酒的品質不可同日而語，美酒配咖啡的喝法，也得到了不同的形象觀感。

在諾曼第有個傳統，喝一杯小黑，要搭配一杯小白。小黑，就是濃縮咖啡；小白，就是未經桶陳培養的蘋果酒餾烈酒，當地稱為 La Blanche，法語意為白色，就是指無色烈酒。

在干邑白蘭地產區，餐後來杯濃縮咖啡，順便喝杯干邑。在這裡，人們不太把酒跟咖啡混在一起。或許你不想讓咖啡涼掉，先喝咖啡，也或許你不想讓咖啡破壞干邑的風味，所以先喝白蘭地。哪杯先喝，選擇由你，喜歡就好。

干邑火焰咖啡

　　干邑白蘭地產區有個相當古老的咖啡喝法，被稱為 brûlot charentais，意思是「加糖點火的夏朗德烈酒」，得名於所在省份名稱，也可以詩意地稱為「天使之火」（la flamme des anges），或直接叫做干邑火焰咖啡（café flambé au Cognac）。首先，你要準備咖啡杯、杯碟與杯墊。然後，把咖啡杯放在杯碟上，把冷掉的咖啡注入杯子，把方塊砂糖放在杯碟上，淋上干邑，確定周邊安全，點火燃燒。燃燒完畢，確定火熄之後，將咖啡杯移至杯墊上，並將杯碟裡燒過的含糖酒汁倒進咖啡裡，就是干邑火焰咖啡。這個只有在冬天才會出於好奇想要一試的喝法，如今幾乎乏人問津。畢竟這是三百年前，想要熱一杯喝剩的咖啡，讓冷掉的咖啡復活，卻又不想生火重煮的取巧作法。你問我好喝嗎？如果咖啡本身不難喝，干邑火焰咖啡也不會難喝到哪裡去，而且還會燒出焦糖香氣。

　　談到點火，您或許也會想到菸絲（pipe tobacco）與雪茄（cigar）。是的，對我來說，這些也是研究白蘭地風味搭配的寫作好素材，沒有道理對此視而不見。你正讀著這本《世界白蘭地》，我猜想，愛酒也愛書的人，通常也會是感受敏銳的人。品飲與知識的樂趣與能力，可以輕易延伸到其他品味領域，包括菸絲與雪茄。

　　菸酒搭配不應該是單純的抽菸喝酒。懂得節制，且能探索風味對比、協調、互補，才是正確的品味態度。品味無關對錯，但卻有好壞高下之分，有意識地學習，品味境界才能提升。況且，菸酒領域各有學問，在複雜知識體系交會之處，必然需要一些指引，具備基本常識，培養正確態度，可以更自在地探索風味世界。

　　就在書稿完成之後，我才驚訝地發現〈菸害防制法〉禁止以文字

或圖像宣傳菸品，但是由於規範內容模糊，所以我寫信給衛生福利部國民健康署詢問，得到的回應是「有關介紹菸酒使用搭配之相關著作內容，仍具有菸品之商業宣傳、促銷、建議或行動，且直接或間接對不特定之消費者產生推銷或促進菸品使用，恐仍有觸法之虞」。再三斟酌之後，我決定刪去原本名為〈白蘭地、菸草與雪茄──天生好搭檔〉整段內容。

我感到很可惜，因為在將近 20 年前，我就開始閱讀外文專書研究雪茄與菸草。如今很想藉著出版《世界白蘭地》這個機會，分享菸草與雪茄的品味心得，包括分析菸草品種、產地、加工製程與風味個性之間的關係，藉由對比、協調、互補的邏輯原則，歸納合適的搭配，甚至考慮燃燒性能、菸溫高低與呈香物質比例關係，以及侍酒溫度、菸酒溫度落差帶來的風味效應，如何避免風味斷層。這些跨領域的創新內容，應該會引起許多品味愛好者的興趣。我不是個抽香菸的人，也不鼓勵讀者吸菸，但是菸酒搭配的文字論述，在這個時空環境下，卻踩到了紅線。

品味無關對錯，不應矯枉過正。品味，不應侷限一端，這才是學習品味的態度。

參考資料 Bibliography

ARNOLD, Dave. *Liquid Intelligence: The Art and Science of the Perfect Cocktail*. New York: W. W. Norton & Company, 2014.

ARMAGNAC, Chantal. *L'Armagnac pour les nuls*. Paris: Éditions First, 2010.

BAUDOIN, A. *Les Eaux-de-vie et la fabrication du Cognac*. Paris: Librairie J.-B. Baillière et Fils, 1893.

BERNARD, Gilles. *Le Cognac: Une eau-de-vie prestigieuse*. Pessac: Presses Universitaires de Bordeaux, 2008.

——. *Le Cognac: À la conquête du monde*. Pessac: Presses Universitaires de Bordeaux, 2011.

BERTHELOT, Marcelin. *'La Découverte de l'alcool et la distillation'* in "*Revue des Deux Mondes*", Tome 114, Novembre, 1892. Pp. 286-300.

BERTRAND, Alain. (Ed.) *Les Eaux-de-vie traditionnelles d'origine viticole*. (1er symposium international sur Les Eaux-de-vie traditionnelles d'origine viticole, Bordeaux, 26-30 juin 1990.) Paris: Lavoisier – Tec & Doc, 1991.

——. *Les Eaux-de-vie traditionnelles d'origine viticole*. (Deuxième symposium international, Bordeaux 25-27 juin 2007.) Paris: Lavoisier – Tec & Doc, 2008.

BLOUIN, Jacques et PEYNAUD, *Émile. Connaissance et travail du vin*. Paris: Dunod, 2001, 2005, 2012.

BLUE, Anthony Dias. *The Complete Book of Spirits: A Guide to Their History, Production, and Enjoyment*. New York: William Morrow, 2004

B.N.I.C. *Le Cognac: découverte pédagogique. Texte informatif*. Bureau National Interprofessionnel du Cognac, 2009.

——. *Élaboration et connaissance des spiritueux: Recherche de la Qualité, Tradition et Innovation*. 1er Symposium Scientifique

International de Cognac (11-15 mai 1992.) Cognac: Bureau National Interprofessionnel du Cognac, 1993.

BOIDRON, Bruno (Dir.) *'Les Eaux-de-vie réglementées' in Bordeaux et ses vins.* Bordeaux: Éditions Féret, 2007. (18e Édition.) Pp. 279-281.

BOIDRON, Bruno et GLATRE, Éric (Dir.) *'Les Eaux-de-vie réglementées' in La* Champagne et ses vins. Bordeaux: Éditions Féret, 2006. Pp. 249-250.

BROWN, Gordon. *Handbook of Fine Brandies: The Definitive Taster's Guide to the World's Brandies.* Macmillan, 1991.

BUGLASS, Alan J. (Ed.) *Handbook of Alcoholic Beverages: Technical, Analytical and Nutritional Aspects.* West Sussex (UK): John Wiley & Sons, 2011.

CALABRESE, Salvatore. *Cognac: A Liquid History.* London: Cassell Illustrated, 2001, 2005.

CARBONNEAU, Alain et al. *La Vigne : physiologie, terroir, culture.* Paris: Dunod, 2014.

CASAMAYOR, Pierre. *L'École de la dégustation.* Hachette Pratique, 1998. Pp. 255-261.

COUSSIÉ, Jean Vincent. *Le Cognac: Un Produit régional, un marché mondial. De l'Incidence des grands événements sur ses expéditions et sur son histoire.* Cognac: 2011.

DICUM, Gregory. *The Pisco Book.* San Francisco: ClearGrape LLC, 2011.

DUFOR, Henri. *Armagnac: Eaux de vie et terroir.* Toulouse: Éditions Privat, 1982.

EPSTEIN, Becky Sue. *Brandy: A Global History.* London: Reaktion Books, 2014.

THE EUROPEAN PARLIAMENT AND OF THE COUNCIL. *Regulation (EC) No 110/2008 of the European Parliament and of the Council of 15 January 2008 on the definition, description, presentation, labelling and the protection of geographical indications of spirit drinks and repealing Council Regulation (EEC) No 1576/89.*

FAITH, Nicolas. *Cognac: The Story of the World's Greatest Brandy.* Oxford, UK: Infinite Ideas, 2013, 2016.

FERNANDEZ DE BOBADILLA, *Vicente. Brandy de Jerez. (El Brandy de Jerez.)* (Eng. version by POWNALL, John & CASTILLO MARTINEZ, Rafael) Madrid: Simpei S.L. Madrid, 1994.

FRANCE, Benoît. *Grand atlas des vignobles de France*. Paris: Éditions Solar, 2002.

GALET, Pierre. *Précis d'ampélographie pratique*. Pierre Galet, 1985, 1998.

HELLMICH, Mittie. *The Ultimate Bar Book: The Comprehensive Guide to Over 1,000 Cocktails*. San Francisco: Chronicle Books LLC, 2006.

L'I.N.A.O. Une Réussite française. *L'Appellation d'origine contrôlée: vins et eaux de vie*. Paris: Institut National des Appellations d'Origine des Vins et Eaux-de-vie, sans date.

JÄGER, Peter. *Das Handbuch der Edelbranntweine, Schnäpse, Liköre: Vom Rohstoff bis ins Glas*. Graz: Leopold Stocker Verlag, 2006, 2014 (3. Auflage.)

JULIEN-LABRUYÈRE, François. *Cognac Story: Du chai au verre*. Paris: L'Harmattan et Le Croît vif, 2008.

LAFON, Jean et al. *Le Cognac: Sa distillation*. Paris: Éditions J.-B. Baillière, 1973. (5e édition revue et augmentée.)

LEBEL, Frédéric. *L'Esprit de l'Armagnac*. Paris: Le Cherche Midi, 2010.

LEGOUY, François et BOULANGER, Sylvaine. *Atlas de la vigne et du vin : un nouveau défi de la mondialisation*. Paris: Armand Colin, 2015.

LEMOINE, Véronique. *Les Arômes du Cognac*. Bordeaux: Éditions Féret, 2009.

LENOIR, Jean. *Le Nez du vin: New Oak*. Éditions Jean Lenoir, 2004.

LICHINE, Alexis. *Encyclopédie des vins et des alcools de tous les pays*. Paris: Robert Laffont, 1984/1998.

MATTSSON, Henrik. *Calvados: The World's Premier Apple Brandy*. Flavourrider. Com. 2004/2010.

MENZEL, Herbert. *Edelbrände: Außergewöhnliche Edelbrände —Schnapsbrenner, Destillate, Raritäten*. Königswinter: Heel Verlag, 2007.

NEAL, Charles. *Calvados: The Spirit of Normandy*. San Francisco: Flame Grape Press, 2011.

ODELLO, Luigi. *Come fare la grappa*. Firenze: Giunti Gruppo Editoriale, 2002. (Edizioni AEB S.p.A., 1983; Demetra S.r.l., 1988)

OWENS, Bill and DIKTY Alan. *(Ed.) The Art of Distilling Whiskey and Other Spirits: An Ehthusiast's Guide to the Artisan Distilling of Potent Potables*. Beverly, Massachusetts: Quarry Books, 2009.

PARVULESCO, Constantin. *Le Cognac*. Paris: Flammarion, 2002.

PIGGOTT , John Raymond. (Ed.) *Flavour of Distilled Beverages: Origin and Development*. Chichester (UK): Ellis Horwood, 1983.

PILLON, Cesare e VACCARINI, *Giuseppe. Il Grande libro della grappa*. Milano: Ulrico Hoepli Editore S.p.A., 2017.

PITIOT, Sylvain et SERVANT, Jean-Charles. 'Les Eaux-de-vie' in *Les Vins de Bourgogne*. Collection Pierre Poupon, 2010, 14e éd. Pp. 296-297.

POLI, Jacopo. *Grappa. Spirito italiano. Italian Spirit*. Milano: RCS Libri Spa (Rizzoli), 2013.

RAY, Cyril. *Cognac*. London : Peter Davies, 1973.

REYNIER, Alain. *Manuel de viticulture. (11e éd.)* Paris: Lavoisier – Tec & Doc, 2012.

RIBÉREAU-GAYON, Pascal et al. *Traité d'œnologie. (6e éd.)* Paris: Dunod, 1998, 2004, 2012.

ROBINSON, Jancis et al. *Wine Grapes: A Complete Guide to 1,368 Vine Varieties, Including Their Origins and Flavours*. New York: HarperCollins, 2012.

SAMALENS, Jean et Georges. *Le Livre de l'amateur d'Armagnac*. Paris: Solar, 1975.

SEPULCHRE, Bruno. *Le Livre du Cognac: Trois siècles d'Histoire*. Paris: Hubschmid & Bouret, 1983.

TURBACK, Michael & HASTINGS-BLACK, Julia. *ReMixology: Classic Cocktails, Reconsidered and Reinvented*. New York: Skyhorse Publishing, 2016.

VIVAS, Nicolas. *Manuel de tonnellerie*. Bordeaux: Éditions Féret, 2002.

VON PACZENSKY, *Gert. Le Grand livre du Cognac*. Paris: Éditions du Club France Loisirs, 1987.

WANG, Paul Peng. (Ed.) *Spirits Sensory Guidelines*. Spirits Selection by Concours Mondial de Bruxelles, 2017, 2018.

WILSON, C. Anne. *Water of Life: A History of Wine-Distilling and Spirits. Barnes, London:* Prospect Books, 2006.

國家圖書館出版品預行編目 (CIP) 資料

世界白蘭地：歷史文化‧原料製程‧品飲
評論／王鵬作. -- 初版. -- 臺北市：積
木文化出版：家庭傳媒城邦分公司發行，
2019.05
　　面；　公分
ISBN 978-986-459-181-7（平裝）

1. 白蘭地酒 2. 品酒

463.833　　　　　　　　　　108005414

VV0086
世界白蘭地
歷史文化‧原料製程‧品飲評論

作　　　　者　王鵬
攝　　　　影　王鵬
出　　　　版　積木文化
總　編　輯　王秀婷
主　　　　編　廖怡茜
版　　　　權　沈家心
行 銷 業 務　陳紫晴、羅伃伶

發　行　人　何飛鵬
　　　　　　　台北市南港區昆陽街16號4樓
　　　　　　　電話：886-2-2500-0888　傳真：886-2-2500-1951
發　　　　行　英屬蓋曼群島商家庭傳媒股份有限公司城邦分公司
　　　　　　　台北市南港區昆陽街16號8樓
　　　　　　　客服專線：02-25007718；02-25007719
　　　　　　　24小時傳真專線：02-25001990；02-25001991
　　　　　　　服務時間：週一至週五上午09:30-12:00；下午13:30-17:00
　　　　　　　劃撥帳號：19863813　戶名：書虫股份有限公司
　　　　　　　讀者服務信箱：service@readingclub.com.tw
　　　　　　　城邦網址：http://www.cite.com.tw
香港發行所　城邦（香港）出版集團有限公司
　　　　　　　地址：香港九龍土瓜灣土瓜灣道86號順聯工業大廈6樓A室
　　　　　　　電話：(852)25086231
　　　　　　　傳真：(852)25789337
　　　　　　　E-MAIL：hkcite@biznetvigator.com
馬新發行所　城邦（馬新）出版集團 Cite（M）Sdn Bhd
　　　　　　　41, Jalan Radin Anum, Bandar Baru Sri Petaling, 57000 Kuala Lumpur, Malaysia.
　　　　　　　電話：(603) 90563833 | 傳真：(603) 90576622
　　　　　　　電子信箱：services@cite.my

美術設計　Pure
地圖繪製　郭家振
插圖繪製　李基永
製版印刷　凱林彩印股份有限公司

城邦讀書花園
www.cite.com.tw

2019 年 5 月 9 日　初版一刷
2024 年 3 月 5 日　初版五刷（數位印刷版）
售　價／NT$1000
ISBN　978-986-459-181-7

Printed in Taiwan.